高等学校规划教材

U0121850

VB 语言程序设计
（第 5 版）

林卓然　编著

电子工业出版社
Publishing House of Electronics Industry
北京·**BEIJING**

内 容 简 介

本书以 Visual Basic 6.0 为语言背景，结合大量的实例，介绍了程序设计的基本知识和基本方法，其内容包括：认识 Visual Basic，程序设计基础，顺序结构程序设计，选择结构程序设计，循环结构程序设计，数组，过程，程序调试与错误处理，数据文件与文件管理，菜单及对话框，绘图及其他常用控件等。本书在叙述上力求简明易懂，注重实用性和可操作性，并在各章后配有习题和上机练习。本书为任课教师免费提供电子教案、例题源程序（华信教育资源网 www.hxedu.com.cn）及习题参考答案。

本书适合作为高等学校计算机程序设计教材，也可作为各类 VB 培训班及全国计算机等级考试的学习参考书。

图书在版编目（CIP）数据

VB 语言程序设计 / 林卓然编著. —5 版. —北京：电子工业出版社，2021.1

ISBN 978-7-121-40180-0

Ⅰ. ①V…　Ⅱ. ①林…　Ⅲ. ①BASIC 语言—程序设计—高等学校—教材　Ⅳ. ①TP312

中国版本图书馆 CIP 数据核字（2020）第 246226 号

责任编辑：冉　哲

文字编辑：王　炜

印　　刷：北京天宇星印刷厂

装　　订：北京天宇星印刷厂

出版发行：电子工业出版社

　　　　　北京市海淀区万寿路 173 信箱　邮编　100036

开　　本：787×1092　1/16　　印张：14.5　字数：399 千字

版　　次：2003 年 1 月第 1 版

　　　　　2021 年 1 月第 5 版

印　　次：2021 年 1 月第 1 次印刷

定　　价：39.80 元

前　言

Visual Basic 是 Microsoft 公司推出的非常优秀的程序设计语言，自问世以来，一直深受人们的喜爱。在众多的软件开发工具中，Visual Basic 可以说是具有极强生命力的语言。作为 Windows 环境下最早的程序设计语言，经过几十年的发展，现在它依然是使用广泛、简单易学的 Windows 应用程序开发工具之一。

本书适合作为大学第一门程序设计课程的教材。只要具有 Windows 初步知识，就可以通过本书掌握 Visual Basic 程序设计的基本内容。本书具有以下几个特点。

（1）内容涵盖了程序设计的主要知识环节。考虑到读者是程序设计的初学者，以及学时的限制，本书舍去了某些传统部分内容（如数据库编程），加强了编程能力、算法的训练和逻辑思维的培养。

（2）以程序结构为主线，把常用控件应用融合到各程序结构中，将 Visual Basic 的可视化界面设计内容与代码设计部分紧密结合在一起，使学生更好地掌握可视化编程工具的使用方法，了解面向对象程序设计的基本概念和开发方法。

（3）注重用通俗的语言、简明的实例来介绍各部分内容，使初学者更易接受和理解。本书提供的大量例题都是上机验证过的，读者可以边看书，边在计算机上操作。各章还设计了一些错误的程序例题，供学生改正，从另一个角度培养学生的程序分析能力。

（4）在组织形式上也做了改进，打破了传统教材将理论与实验分开成书的形式，将理论与应用、习题、上机练习几部分融合在一本书中，使学与练紧密地结合起来，以期提高学习效率。

本书紧扣全国计算机等级考试二级 Visual Basic 语言程序设计考试大纲（2018 版）及近年来的命题重点，有利于提高学生应试和获证能力。

为了帮助教师使用本书，作者准备了本书的教学辅助材料，包括电子教案、例题源程序（华信教育资源网 www.hxedu.com.cn）及习题参考答案。

在本书编写过程中，得到了何丁海、彭金泉、阮文江、梁广德、李伟林、罗淑贤等教师的支持和帮助，在此表示衷心的感谢。

由于作者水平所限，加之计算机技术发展日新月异，书中错误在所难免，失误之处，敬请读者指正。作者电子邮件地址：puslzr@163.com。

作　者

目　录

第 1 章　认识 Visual Basic

Visual Basic（以下简称 VB）是一种面向对象的可视化程序设计语言，是目前在 Windows 操作平台上广泛使用的 Windows 应用程序开发工具。在深入学习 VB 编程之前，本章先介绍 VB 的特点、集成开发环境及面向对象的基本概念。

1.1　概述

BASIC 语言诞生于 1964 年，其含义为"初学者通用的符号指令代码"，由于它简单易学一直被很多初学者作为首选入门的程序设计语言。随着计算机技术的发展，各种 BASIC 语言的新版本应运而生。20 世纪中期开发出 DOS 环境下的 GW-BASIC，不久又出现了多种结构化 BASIC 语言，如 True BASIC、Turbo BASIC、QBASIC 等。

1988 年，美国微软（Microsoft）公司推出的 Windows 操作系统，以其友好的图形用户界面（GUI）、简单易学的操作方式和卓越的性能，赢得了广大计算机用户的喜爱，因此开发在 Windows 环境下的应用程序成为主导潮流。起初人们在开发 Windows 应用程序时遇到了很大困难，因为要编写 Windows 环境下运行的程序，必须创建相应的窗口、菜单、对话框等各种"控件"，使程序的编制变得越来越复杂。

1991 年，微软公司推出的 VB 1.0，使这种情况有了根本的改观。微软公司总裁比尔·盖茨说，VB 是"用 BASIC 语言开发 Windows 应用程序最强有力的工具"。VB 中"Visual"的含义是"可视化"，指的是一种开发图形用户界面的方法。VB 采用的"可视化编程"是"面向对象编程"技术的简化版，它引入了面向对象和事件驱动的程序设计新机制，把过程化和结构化编程结合在一起，其解决问题的方式更符合人们的思维习惯，为开发 Windows 应用程序提供了强有力的开发环境和工具。

随着 Windows 操作平台的不断成熟，VB 版本也在不断升级。自 VB 1.0 版之后，微软公司又相继推出了 VB 2.0 版、VB 3.0 版、VB 4.0 版，这些版本主要应用于 Windows 3.X 环境中 16 位应用程序的开发。1997 年，微软公司发布了 VB 5.0 版，它是一个 32 位应用程序开发工具，可以运行在 Windows 9.X 或 Windows NT 环境中。1998 年，微软公司推出了 VB 6.0 版，2002 年又开发出了 VB.NET 7.0 版。

为满足不同层次的用户需要，VB 6.0 版提供了学习版、专业版和企业版三个版本。这些版本是在相同的基础上建立起来的，因此大多数应用程序可在这三个版本中通用。本书主要介绍 VB 6.0 版的基本功能，对这三个版本都适用。

1.1.1　VB 的特点

VB 是在 BASIC 语言的基础上发展而来的。它具有 BASIC 语言简单易用的优点，同时增加了面向对象和可视化程序设计语言的功能。VB 的主要特点如下。

（1）面向对象的可视化编程。VB 采用面向对象的程序设计方法（OOP），把程序和数据"封装"起来作为一个对象。所谓"对象"就是一个可操作的实体，如窗体、窗体中的命令按钮、文本框、标签等都是对象。程序设计时编程人员不必为用户界面编写代码，只需要利用系统提供的工具，直接在窗体上"画"出（设置）各种对象，并为每个对象赋予应有的属性。VB系统将自动产生界面设计代码，编程人员只需编写实现程序功能的那部分代码，从而大大提高了程序设计的效率。

（2）事件驱动的编程机制。VB通过事件来执行对象的操作，通常由用户操作引发某个事件来驱动完成某种功能。例如，命令按钮是一个对象，当用户单击该按钮时，将产生（触发）一个"单击"（Click）事件，而在发生该事件时，系统将自动执行一段相应的程序（事件过程），用以实现指定的操作和达到运算、处理的目的。

在VB中，编程人员只需针对这些事件编写相应的处理代码（事件过程），这样的代码一般较短，所以程序既易于编写又易于维护。

（3）结构化的设计语言。VB具有结构化BASIC语言的语句结构，加上面向对象的设计方法，因此是更出色的结构化程序设计语言。

（4）友好的VB集成开发环境。VB提供了易学易用的应用程序集成开发环境。在该集成开发环境中，编程人员可以设计用户界面、编写代码和调试程序，直至把应用程序编译成可执行文件，直接在Windows环境下运行。

（5）具有强大的功能。VB可以对多种数据库系统进行数据访问，支持对象的链接与嵌入（OLE）、动态数据交换（DDE）、动态链接库（DLL）及Active等技术。它能够充分利用Windows资源，开发出集文字、声音、图像、动画、Web等对象于一体的应用程序。

1.1.2　VB的启动与退出

1. 启动VB

VB是Windows下的一个应用程序，因此可按运行一般应用程序的方法来运行它。启动VB的常用方法如下：单击"开始"按钮，从"开始"菜单中选择"程序"命令，再选择"Microsoft Visual Basic 6.0中文版"级联菜单中的"Microsoft Visual Basic 6.0中文版"程序。

当然，也可将VB系统程序的快捷方式图标放在桌面上，直接双击该快捷方式图标进行启动。

启动VB后，作为默认方式，系统会首先弹出"新建工程"对话框，如图1.1所示。

图1.1　"新建工程"对话框

（1）新建：列出了可以创建的应用程序类型，其中"标准 EXE"用来创建一个 VB 应用程序，最终可生成一个标准的可执行文件（.exe）。

（2）现存：供选择和打开的现有工程。

说明：VB 应用程序是以工程的形式组织的。一般情况下，一个工程就是一个应用程序。

（3）最新：列出最近使用过的工程。

直接单击对话框右下方的"打开"按钮，则可创建一个默认的"标准 EXE"类型的应用程序，进入 VB 集成开发环境，如图 1.2 所示。

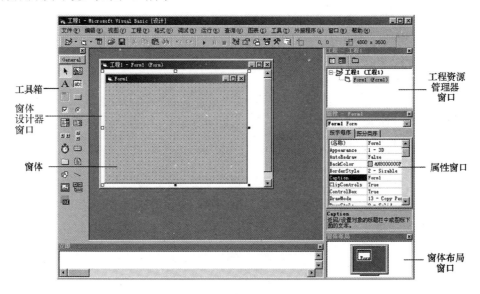

图 1.2　VB 集成开发环境

2．退出 VB

如果要退出 VB，可单击 VB 主窗口中的"关闭"按钮或选择"文件"菜单中的"退出"命令，VB 会自动判断用户是否修改了工程的内容，询问用户是否保存文件或直接退出。

1.2　VB 的集成开发环境

VB 集成开发环境界面见图 1.2。它集 VB 应用程序的设计、编辑、编译和调试于一体，集中提供程序开发所需要的各种工具、窗口和方法。在这个开发环境中，还提供了一些专用工具和窗口，如工具箱、窗体设计器窗口、属性窗口、工程资源管理器窗口、代码设计窗口、窗体布局窗口等。

1.2.1　主窗口

主窗口由标题栏、菜单栏和工具栏等组成。

1．标题栏

标题栏主要用于显示应用程序的名称及其工作状态。新建 VB 工程时默认的文件名为工程 1，标题栏中显示的信息为：

　　工程 1 - Microsoft Visual Basic [设计]

方括号中的"设计"表明当前的工作状态是"设计阶段"。随着工作状态的不同，方括号内的信息也会随之改变，可能会是"运行"或"Break"，分别代表"运行阶段"或"中断阶段"。这三个阶段也称为"设计模式"、"运行模式"和"中断模式"。

（1）设计模式：进行用户界面的设计和代码的编写，以完成应用程序的开发。

（2）运行模式：运行应用程序。此时不可以编辑代码，也不可以编辑界面。

（3）中断模式：应用程序运行暂时中断，这时可以编辑代码，但不可编辑界面。在此模式下可以进行程序的调试（见第8章）。

2．菜单栏

菜单栏提供了用于开发、调试和保存应用程序所需的所有命令。

3．工具栏

VB 提供了编辑、标准、窗体编辑器和调试 4 种工具栏。在一般情况下，集成开发环境中只显示"标准"工具栏（简称工具栏）。

1.2.2 窗体设计器窗口

应用程序的窗口在设计阶段称为"窗体"。窗体设计器窗口（窗体窗口）如图 1.3 所示，它是设计应用程序用户界面的场所。

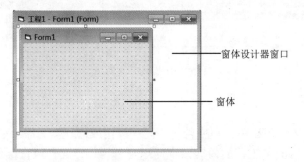

图 1.3　窗体设计器窗口

当创建一个新工程时，VB 会同时创建一个新的窗体，其默认名为 Form1，一个工程可以有多个窗体，可通过"工程"菜单中的"添加窗体"命令来添加新窗体。在窗体中，用户可以根据需要添加相应的控件，并设置相应的属性来创建应用程序的界面。

窗体工作区中布满了供定位用的网格点，如果想清除这些网格点，或者想改变点与点之间的距离（改变定位网格线的间距），可选择"工具"菜单中的"选项"命令，然后在"选项"对话框的"通用"选项卡中进行调整。

说明：在"选项"对话框中还可以设置 VB 开发环境各种属性及各种窗口的格式（如所用的字体、字号、颜色等）。

1.2.3 工具箱与控件

控件是构成图形用户界面的基本要素。VB 工具箱中提供了一个指针和 20 个标准控件（也称内部控件）。如表 1.1 所示，列出了 VB 工具箱中的标准控件及其功能。

表 1.1　VB 工具箱中的标准控件及其功能

名　称	类　名	功　能
指针	Pointer	用鼠标进行操作控件，如选定、移动、复制、改变大小等
图片框	PictureBox	用于装载图片
标签	Label	显示文本
文本框	TextBox	输入信息或显示信息
框架	Frame	将控件分成可标识的控件组
命令按钮	CommandButton	用于接收事件，单击它可调用 Click 事件过程
复选框	CheckBox	用于选择一个或多个选项
单选按钮	OptionButton	用于选择一个选项
组合框	ComboBox	同时具有文本框和列表框的特性
列表框	ListBox	显示项目列表以供用户选中一个或多个项目
水平滚动条	HScrollBar	允许显示内容水平滚动
垂直滚动条	VScrollBar	允许显示内容垂直滚动
计时器	Timer	按指定时间间隔产生定时事件
驱动器列表框	DriveListBox	显示有效的磁盘驱动器并允许选择
目录列表框	DirListBox	显示文件夹和路径并允许选择
文件列表框	FileListBox	显示文件列表并允许选择
形状	Shape	向窗体、框架或图片框添加矩形、正方形、椭圆等
线形	Line	添加线段
图像	Image	显示有关图形文件
数据控件	Data	与现有数据库实现连接
OLE 容器	OLE	把其他应用程序的对象添加到 VB 中

在设计状态下，工具箱总是显示出来的。若要不显示工具箱，可将其关闭；若要再显示它，可选择"视图"菜单中的"工具箱"命令。下面介绍控件的一些基本操作方法。

1. 在窗体上添加一个控件

在窗体上添加一个控件常用以下两种方法：

（1）单击工具箱中的控件按钮，然后在窗体上拖动鼠标，可创建控件；

（2）双击工具箱中的控件按钮，即可在窗体中央创建一个尺寸为默认值的控件。

2. 控件的缩放、移动、复制和删除

在设计阶段，当选定（单击）窗体上的控件后，控件的边框会出现 8 个控点，这表明该控件处于"活动"状态，或称为"当前控件"。

（1）缩放：选定控件后，把鼠标指针指向某个控点，当出现双向箭头时，拖动鼠标可以改变控件的大小。

（2）移动：选定控件后，把鼠标指针指向控件的内部，再拖动鼠标，即可移动控件的位置。

（3）复制：选定控件后，单击工具栏中的"复制"按钮，再单击"粘贴"按钮，系统会弹出一个是否创建控件数组对话框（控件数组的概念见 6.6 节），单击"否"按钮，即可在窗体上得到该控件的复制品，复制品的所有属性与原控件相同，只是名称属性（Name）的序号比原控件的大。

（4）删除：选定控件后，按 Delete 键或选择"编辑"菜单中的"删除"命令。

3．选定多个控件

要调整多个控件，需要先同时选定这些控件，常用方法有两种：

（1）在窗体的空白区域中用鼠标左键拖动拉出一个矩形框，框住需要选定的多个控件；

（2）在按 Shift 键的同时，用鼠标左键单击所要选定的控件。

4．控件的布局

当窗体上存在多个控件时，往往需要对这些控件进行排列、对齐、改变大小等格式化操作。要设置窗体上多个控件的布局，先要选定这些控件，然后选择"格式"菜单中的相应选项，再从其子菜单中选择命令即可。

1.2.4　属性窗口

属性窗口如图 1.4 所示，它主要用于显示和更改所选定对象的属性。每个对象都由一组属性来描述其特征，如颜色、字体、大小等。在程序设计时，可以通过属性窗口来设置或修改对象的属性。

属性窗口通常位于工程资源管理器窗口的下方。单击工具栏中的"属性窗口"按钮，或者按 F4 键，或者选择"视图"菜单中的"属性窗口"命令，均可打开属性窗口。

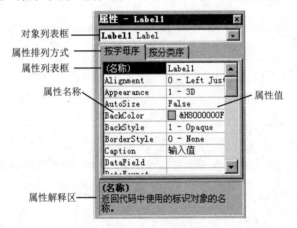

图 1.4　属性窗口

属性窗口由以下 4 部分组成：对象列表框、属性排序方式、属性列表框和属性解释区。

（1）对象列表框：处于标题的下方（第 2 行），用于列出当前所选定对象的名称及所属的类。单击其下拉按钮，可列出当前窗体及包括的全部对象名称，用户可从中选择要更改其属性值的对象。

（2）属性排序方式：通过"按字母序"选项卡和"按分类序"选项卡分别显示所选对象的属性。

（3）属性列表框：列出当前选定的窗体或控件的属性值。左列显示所选对象的属性名，右列为其对应的属性值。可选定某个属性（或双击属性名），然后对该属性值进行设置。有的属性具有预定值，其右列显示"…"（浏览）按钮或下拉箭头按钮，表示有预定值可供选择。

1.2.5 代码设计窗口

代码设计窗口（简称代码窗口）如图1.5所示，用来显示或编辑代码。在VB主窗口中选择"视图"菜单中的"代码窗口"命令，或者双击窗体或窗体中的一个控件，或者单击"工程资源管理器"窗口中的"查看代码"按钮等，都可以打开代码窗口。

代码窗口中有一个标题"工程1-Form1(Code)"，表示当前工程名默认为"工程1"，Form1表示窗体名，圆括号内的Code表示代码窗口。

第二行左侧是一个对象列表框，列出了与当前窗体相联系的对象；第二行右侧是一个过程列表框，列出了与当前选中对象相关的所有事件。

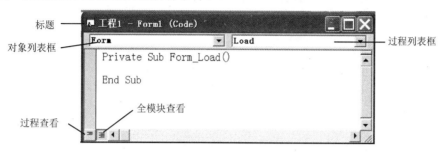

图1.5 代码窗口

1.2.6 工程资源管理器窗口

工程资源管理器窗口如图1.6所示，它以层次结构方式列出了当前工程（或工程组）中的所有文件，并对工程进行管理。在窗口内，当双击某个文件图标时，即可打开相应的文件。

图1.6 工程资源管理器窗口

工程资源管理器窗口的标题栏下方有三个工具按钮，具体内容如下：
（1）"查看代码"按钮：切换到代码窗口，以便显示和编辑代码；
（2）"查看对象"按钮：切换到窗体窗口，以便显示和编辑正在设计的窗体；
（3）"切换文件夹"按钮：切换文件夹显示方式。

1.2.7 窗体布局窗口

窗体布局窗口位于屏幕的右下角，在该窗口中有一个表示窗体的小图标，用来显示窗体在屏幕中的位置，可以用鼠标拖动其中的窗体小图标来调整窗体的位置。

1.2.8 使用帮助系统

VB中提供了功能强大而全面的联机帮助系统MSDN（Microsoft Developer Network）。通过MSDN，用户可以随时方便地得到各种帮助信息，以解决用户在开发过程中遇到的各种问题。

MSDN Library 中包含了约 1GB 的内容，存放在两张光盘上。它的内容包括上百个示例代码、文档、技术文章、Microsoft 开发人员知识库等。用户可以通过运行第一张盘上的 Setup.exe 程序，通过"用户安装"选项将 MSDN Library 安装到自己的计算机中。

在 VB 中通过"帮助"菜单的"内容""索引"或"搜索"命令可以打开 MSDN Library，并进行查询。

除使用 MSDN Library 帮助方式外，用户还可以 VB 联机方式访问 Internet 上的相关网站获得更多、更新的信息。

1.3 对 VB 应用程序设计的初步认识

1.3.1 设计 VB 应用程序的步骤

采用 VB 开发应用程序，一般可分为两大部分的工作：设计用户界面和编写代码。

VB 应用面向对象的程序设计方法，因此先要确定对象，然后才能针对这些对象编写代码。VB 编程中最常用的对象是窗体（窗口），各种控件对象必须创建在窗体上。用户界面设计又包括创建对象和对象属性设置两部分。

设计 VB 应用程序的大致步骤如下：

（1）创建用户界面的对象；

（2）设置对象的属性值；

（3）编写代码，创建事件过程；

（4）保存和运行应用程序。

为了使读者对 VB 程序设计有一个初步认识，以下举一个简单的例子。

1.3.2 一个简单程序

【例 1.1】 一个简单程序实例。程序的用户界面如图 1.7 所示，它由一个窗体、一个文本框和两个命令按钮组成。在设计时，文本框中为空白。程序运行时，单击"运行"命令按钮，文本框中会出现"欢迎您来到 VB 世界！"字样，单击"结束"命令按钮，则结束程序运行。

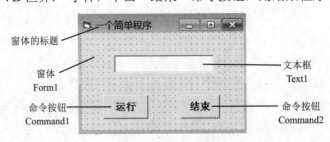

图 1.7 程序的用户界面

具体设计步骤如下。

（1）创建窗体

启动 VB 或选择"文件"菜单中的"新建工程"命令，从"新建工程"对话框中选择"标准 EXE"命令，系统会默认提供一个窗体（Form1）。用户可在此窗体上添加控件，以构建用户界面。

（2）创建用户界面的控件

创建控件的方法：在 VB 工具箱中选择（单击）要添加的控件的按钮，此时鼠标指针变成"+"形，将"+"形指针移到窗体的适当位置，然后按下左键并拖动鼠标，则可按所需大小创建一个控件。按照上述方法，可在窗体上添加以下控件：

① 通过 TextBox 控件创建一个文本框，名称为 Text1；

② 通过 CommandButton 控件创建两个命令按钮，名称分别为 Command1 和 Command2。

（3）设置对象属性

设置窗体上控件对象的属性，可以在属性窗口（见图 1.2）中进行。通常属性窗口（标题栏上显示"属性-XX"）处于主窗口的右侧中部，用户也可以选择"视图"菜单中的"属性窗口"命令来显示属性窗口。

单击窗体上的 Command1 命令按钮，使其处于选定状态，此时属性窗口中会自动显示该命令按钮的所有属性，在属性列表框中，选定属性名 Caption（标题名），并在右列中将默认值"Command1"改为"运行"，如图 1.8 所示。

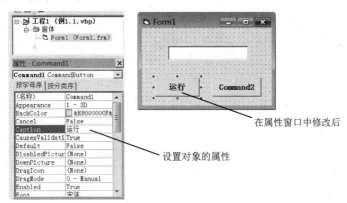

图 1.8　在属性窗口中设置对象的属性

按照上述方法，设置以下对象的属性：

● 设置窗体 Form1 的 Caption 属性为"一个简单程序"；

● 设置文本框 Text1 的 Text（文本内容）属性为空；

● 设置命令按钮 Command2 的 Caption 属性为"结束"。

此时窗体的设置情况见图 1.7。

（4）编写代码，创建事件过程

设计好用户界面后，还需要在程序中添加代码，才能实现相应的功能。

双击窗体上的命令按钮 Command1，就可以切换到代码窗口，同时在代码编辑区中会打开 Command1_Click 事件过程模板，如图 1.9 所示。用户也可以通过其他方法（如选择"视图"菜单中的"代码窗口"命令）进入代码窗口，只是此时没有 Command1_Click 事件过程模板，需要从对象列表框中选择"Command1"命令，并在过程列表框中选择 Click（单击）事件，这样才可以打开事件过程模板。

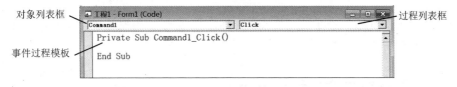

图 1.9　Command1_Click 事件过程模板

用户可在该事件过程的过程体中插入如下语句：

```
Text1.Text="欢迎您来到VB世界！"
```

该语句的含义是将右边的文字显示在文本框 Text1 中。

按上述同样的步骤，可以打开 Command2_Click 事件过程模板，然后在该事件过程的过程体中插入 End 语句，该语句用于结束程序的运行。

此时代码窗口显示如图 1.10 所示。

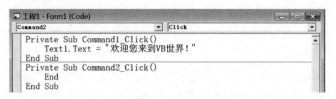

图 1.10   例 1.1 的代码窗口

（5）保存工程

本例中只涉及一个窗体（系统默认提供的 Form1），因此，只需保存一个窗体文件和一个工程文件。保存文件的步骤如下。

① 选择"文件"菜单中的"Form1 另存为"命令，系统弹出"文件另存为"对话框，选择好保存位置（假设为"D:\VB\第 1 章"文件夹），输入文件名（如例 1.1.frm），然后单击"保存"按钮，即可保存窗体文件。

② 选择"文件"菜单中的"工程另存为"命令，系统弹出"工程另存为"对话框，选择好保存位置（如"D:\VB\第 1 章"文件夹），输入文件名（如例 1.1.vbp），然后单击"保存"按钮。

（6）运行程序

单击工具栏中的"启动"按钮，或者选择"运行"菜单中的"启动"命令，即可运行程序。程序运行后，当用户单击"运行"命令按钮（Command1）时，系统会自动执行 Command1_Click 事件过程，从而在窗体的文本框中显示"欢迎您来到 VB 世界！"字样，如图 1.11 所示。单击"结束"命令按钮（Command2），则结束程序运行。

图 1.11   单击"运行"按钮后显示的情况

说明：程序运行过程中，单击窗体右上角的"关闭"按钮，或者单击工具栏中的"结束"按钮，都可以结束程序的运行。

如果程序运行出错，或者未能实现所要求的功能，则需要进行修改，然后再次运行。对于大多数程序，通常要多次重复上述过程，此过程也称为"调试"。但要注意，在保存工程文件后，对工程进行任何修改都需要再次保存工程文件。

1.4   对象与事件的基本概念

VB 采用面向对象程序设计方法，程序的核心是对象。本节将从使用的角度简述对象的有关概念。

1.4.1　对象与类

在 VB 中，对象是一组代码和数据的集合，可以作为一个基本运行实体来处理。例如，窗体、标签、文本框、命令按钮等都是对象，整个应用程序也可以是一个对象。实际上"对象"是一个很广泛的概念，要理解程序设计中"对象"的概念，还必须具备一些"类"的知识。

在现实世界中，具有相同属性和行为的事物往往不止一个，面向程序设计技术为了提高软件的可重用性，就用"类"来抽象定义同类对象。类和对象的关系好像是模型和成品的关系，类是创建对象的模型，对象则是类的实例，是按模型生产出来的成品。例如，在 Word 中，为创建文档提供的文档模板好比是类，用这些模板创建的文档就好比是对象。

在 VB 中，工具箱中的每个控件，如文本框、标签、命令按钮等，都代表一个类。当将这些控件添加到窗体上时就创建了相应的对象。如图 1.12 所示的工具箱中的 TextBox 控件就是类，它确定了该类的属性、方法和事件，由它生成的两个 Text 对象，是 TextBox 类的实例，它们具有由类定义的公共特征和功能（对象的属性、方法和事件）。编程人员也可以根据需要修改对象的属性。

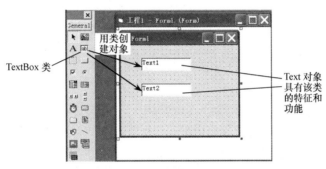

图 1.12　对象与类

在 VB 编程中，大部分工作是在跟对象打交道。对象具有属性、事件和方法三个要素。创建一个对象后，其操作通过与该对象有关的属性、事件和方法来实现。

1.4.2　对象的属性与方法

1．属性

属性（Property）是对象的特征。每个对象都有一个属性集合，不同的对象有不同的属性。VB 对象常见的属性有名称（Name）、标题（Caption）、字体（Font）、宽度（Width）、高度（Height）、可见性（Visible）等。通过修改对象的属性，可以改变对象的外观和功能。

设置对象的属性一般有两种方法，具体内容如下。

（1）在设计阶段，利用属性窗口对选定的对象进行属性设置。

（2）在程序中，利用赋值语句，使程序在运行时实现对对象属性的设置，其一般格式为：

[对象名.]属性名=属性值

其中，"[对象名.]属性名"是 VB 引用对象属性的方法。如果针对当前窗体，则可省略该窗体的对象名，如给命令按钮 Command1 的 Caption（标题）属性赋值为字符串"确定"，则可在程序中写为：

Command1.Caption="确定"

大部分属性既可以在设计阶段通过属性窗口设置，也可以通过代码在程序运行阶段设置，这种属性称为可读/写属性。也有些属性只能在设计阶段通过属性窗口设置，在程序运行阶段不可改变，这种属性称为只读属性。

2．方法

方法（Method）是指对象能够执行的动作。它是对象本身内含的函数或过程，用于完成某种特定的功能。

方法只能在程序中使用，其调用格式为：

    [对象名.]方法名 [(参数)]

有的方法需要提供参数，而有的方法是不带参数的。例如：

    Form1.Cls   '清除窗体 Form1 上的内容

    Print "Visual Basic 6.0"   '在当前窗体上显示字符串"Visual Basic 6.0"

    Form2.Show   '显示窗体 Form2

1.4.3　事件、事件过程及事件驱动

1．事件

事件（Event）是指能够被对象识别的动作。例如，鼠标单击（Click）或双击（DblClick）就是最常见的事件。此外，窗体装载（Load）、按键（KeyPress）、鼠标移动（MouseMove）等，都是事件。

每个对象所能识别的事件，在设计阶段可以从代码窗口中该对象的过程列表框中看到，如图 1.13 右侧所示的是窗体对象所能识别的事件。

图 1.13　窗体对象所能识别的事件

2．事件过程

当事件被用户触发（如单击时触发 Click 事件）或被系统触发（如加载窗体时触发 Load 事件）时，对象就会对该事件做出响应，响应某个事件后所执行的代码就是事件过程（Event Procedure）。换言之，事件过程是用来完成事件发生时所要执行的操作。

事件过程的一般格式如下：

    Private Sub 对象名_事件名()

        事件过程代码

    End Sub

其中：

（1）"对象名_事件名"称为事件过程名，例如，命令按钮 Command1 的 Click 事件过程名为 Command1_Click。但有一个例外，就是不管窗体采用什么名称，在窗体事件过程中只能使用 Form，如 Form_Click，而不是 Form1_Click。

（2）关键字 Private Sub 和 End Sub 用于定义一个过程。

（3）事件过程名后面有一对圆括号"()"，对于复杂的过程，圆括号内还可以有参数。

例如，用户在窗体上创建一个文本框 Text1 和一个命令按钮 Command1，并编写命令按钮的单击（Click）事件过程为：

Private Sub Command1_Click()
    Text1.FontName="黑体"　　　'FontName 是字体的属性
    Text1.ForeColor=vbBlue　　　'ForeColor 是前景颜色的属性，vbBlue 表示蓝色
    Text1.Text="VB 程序设计"
End Sub

该事件过程有 3 个语句。运行程序时，当用户单击命令按钮 Command1 控件时，将触发单击（Click）事件，从而执行该事件过程，在文本框中显示"VB 程序设计"，其字体为黑体，颜色为蓝色。

说明：（1）事件是对象响应的一个动作，该动作触发后能完成什么功能，由用户编制的"事件过程"决定。VB 程序设计的主要工作是编写相关的事件过程。

（2）通常 VB 对象可以识别一个以上的事件，每个事件都可以通过一个对应的事件过程进行响应。在设计程序时，并不需要编写所有事件过程，而只编写需要的事件过程。

3．事件驱动

VB 应用程序运行时，通常先加载和显示一个窗体，之后等待下一个事件（一般由用户操作来触发）的发生。当某个事件发生时，程序将执行此事件过程。当完成一个事件过程后，程序又会进入等待状态，直到下一个事件发生为止。如此周而复始地执行，直到程序结束。

由此可见，程序的执行完全是靠"事件"驱动的，也就是说，"事件"是程序执行的原因和动力。VB 采用事件驱动的运行机制，程序的执行顺序不是按预先设计好的固定程序流程进行的，而是通过响应不同的事件执行不同的事件过程代码段。响应的事件顺序不同，执行的代码段的顺序也不同，即事件发生的顺序决定了整个程序的执行流程。

1.5　工程管理

在开发应用程序时，VB 将创建一系列文件来保存应用程序的各种相关信息，并使用工程来管理应用程序中的所有文件。

1.5.1　工程中的文件

VB 应用程序主要包括以下几类文件。

（1）工程文件（.vbp）和工程组文件（.vbg）

每个工程对应一个工程文件，该文件保存着工程所需的所有文件和对象清单。当一个应用程序包含两个以上工程时，这些工程就构成了一个工程组。

说明：工程是 VB 应用程序的基本单位。一般情况下，开发一个应用程序使用一个工程就可以了，但在开发复杂应用程序时就需要使用工程组，即一个应用程序由一个工程组内的数个工程构成。

为便于学习，本书介绍的应用程序都只有一个工程。一个工程中可以创建一至多个窗体，前 6 章介绍一个工程中包含单个窗体的情况，从第 7 章开始引入了多窗体的概念。

（2）窗体文件（.frm）

每个窗体对应一个窗体文件。窗体文件用于存放窗体及其控件的属性、过程代码等。

（3）标准模块文件（.bas）

该文件用来保存用户自定义的通用过程和全局变量等，是一个纯代码性质的文件，它不属于任何一个窗体。

（4）类模块文件（.cls）

VB 提供了大量预定义的类，同时允许用户根据需要定义自己的类。用户可以通过类模块来创建对象。每个类都可用一个文件来保存。

（5）资源文件（.res）

资源文件中可以存放多种资源，如文本、图片、声音等。

此外，VB 文件中还包括窗体二进制数据文件（.frx）、ActiveX 控件文件（.ocx）、用户文档文件（.dob）等。

1.5.2　创建、打开和保存工程

1．创建新的工程

要创建新的工程，常用以下两种方法：

（1）启动 VB 后，在"新建工程"对话框中选择"标准 EXE"命令；

（2）在 VB 主窗口中选择"文件"菜单中的"新建工程"命令。

采用方法（2）时，系统将自动关闭当前工程，并提示用户保存修改过的文件，然后创建一个新工程。

2．打开工程

要打开一个现有工程，一般有以下三种方法：

（1）选择"文件"菜单中的"打开工程"命令；

（2）单击工具栏中的"打开工程"按钮；

（3）在 Windows 文件夹窗口中双击一个现有工程的图标。

3．保存工程

设计好的应用程序需要保存工程，即以文件的方式保存到磁盘上。一般是先保存工程，然后再调试程序，这样可以避免由于意外错误造成程序的丢失。当然，也可先对程序进行调试和运行，调试成功后再保存工程。

选择"文件"菜单中的"保存工程"（或"工程另存为"）命令，或者单击工具栏中的"保存工程"按钮，都可以保存当前工程。当第一次保存工程时，系统弹出"文件另存为"对话框，提示保存窗体文件，默认文件名为 Form1.frm，系统默认文件夹为 VB98。

注意，一个工程中往往包含多个不同类型的文件，这些文件是需要分别保存的，即先分别保存窗体文件、标准模块文件等后，再保存工程文件。在保存工程时，最好将同一工程所有类型的文件都存放在同一文件夹中，以便日后修改和管理。

如果想保存磁盘上已有且修改过的工程文件，可直接单击工具栏中的"保存工程"按钮。此时系统还会同时保存与工程有关的修改过的窗体文件或标准模块文件等。

保存工程文件后，有的 VB 系统（已安装了"Microsoft Visual SourceSafe"选项配置）还会弹出"Source Code Control"对话框，询问用户是否添加该工程到 SourceSafe 中。如果要添加，则以实现多个工程之间共享文件，单击"Yes"按钮；对于一般的使用，可单击"No"按钮。

4．关闭工程

选择"文件"菜单中的"移除工程"命令，可以关闭当前的工程。

1.5.3 添加、删除和保存文件

1．添加文件

要向工程中添加文件，可按以下步骤进行：

（1）选择"工程"菜单中的"添加文件"命令，打开"添加文件"对话框；

（2）在对话框中选定一个现有文件，然后单击"打开"按钮。

2．删除文件

要从工程中删除某个文件，可按以下步骤进行：

（1）在工程资源管理器窗口中选定要删除的文件；

（2）选择"工程"菜单中的"移除"命令。

此时该文件将从工程中删除，但仍保存在磁盘里，再采用 Windows 删除文件的方法，便可以永久地删除该文件。

3．保存文件

如果只保存文件而不保存工程，可采用以下步骤：

（1）在工程资源管理器窗口中选定此文件；

（2）选择"文件"菜单中的"保存"命令。

1.5.4 程序的运行

VB 提供两种运行程序的方式，即解释方式和编译方式。

（1）解释方式

选择"运行"菜单中的"启动"命令，或者单击工具栏中的"启动"按钮，或者按 F5 键，系统以解释方式运行程序。此时，系统读取事件触发的那段事件过程代码，将代码逐句转换（翻译）为机器代码，译出一句就立即执行一句，边翻译解释边执行。由于转换后的机器代码不保留，如需再次运行程序，还要重新解释它。

解释方式执行速度慢，但适于程序的调试，编程人员可以随时发现程序运行中的错误，并及时修改源程序，因此在调试程序和初学阶段，一般都采用这种方式。

（2）编译方式

选择"文件"菜单中的"生成 exe"命令，系统将读取 VB 应用程序中的全部代码，将其转换（编译）为机器代码，并保存在扩展名为.exe 的可执行文件（Windows 应用程序）中。以后可以脱离 VB 环境，直接在 Windows 环境下运行该程序。

作为例子，按照上述操作步骤，把例 1.1 的应用程序编译处理，生成一个可执行文件（假设文件名为例 1.1.exe），然后进入 Windows 环境，直接运行该程序文件。

习题 1

一、单选题

1. VB 采用（　　）的编程机制。
   A. 可视化　　　　　　　　B. 面向对象　　　　　　　C. 面向图形　　　　　　D. 事件驱动

2. 以下叙述中，错误的是（　　）。
   A. 打开一个工程文件时，系统自动装入与该工程有关的窗体文件
   B. 保存 VB 应用程序时，应分别保存窗体文件及工程文件
   C. 窗体文件包含该窗体及其控件的属性
   D. VB 应用程序只能以解释方式执行

3. 打开 VB 集成环境后，显示的是（　　）。
   A. "编辑" 工具栏　　　　　　　　　　　　B. "标准" 工具栏
   C. "调试" 工具栏　　　　　　　　　　　　D. "窗体" 工具栏

4. 在 VB 中，编写代码应在（　　）中进行。
   A. 对象窗口　　　　　　B. 属性窗口　　　　　　C. 代码窗口　　　　　D. 窗体布局窗口

5. 在设计阶段，用鼠标双击窗体上的某个控件，打开的窗口是（　　）。
   A. 工程资源管理器窗口　　　　　　　　　　B. 属性窗口
   C. 代码窗口　　　　　　　　　　　　　　　D. 窗体布局窗口

6. 在设计阶段，从窗体窗口切换到代码窗口，不可以采用（　　）的方法。
   A. 单击窗体　　　　　　　　　　　　　　　B. 双击窗体
   C. 单击工程资源管理器窗口中的 "查看代码" 按钮
   D. 单击代码窗口中任何可见部位

7. 假设窗体上已有一个控件是活动的，为了在属性窗口中设置窗体的属性，预先要执行的操作是（　　）。
   A. 单击窗体上没有控件的地方　　　　　　　B. 单击任意一个控件
   C. 双击任意一个控件　　　　　　　　　　　D. 双击窗体上没有控件的地方

8. 在代码窗口中，当从对象框中选定了某个对象后，在（　　）中会列出适用该对象的事件。
   A. 过程框　　　　　　　B. 属性窗口　　　　　　C. 工具箱　　　　　　D. 工具栏

9. 在设计阶段，要选定窗体上多个控件，可以在按住（　　）键的同时单击各控件。
   A. Shift　　　　　　　　B. Tab　　　　　　　　C. Alt　　　　　　　　D. Enter

10. 编制一个简单的 VB 应用程序，若该程序只有一个窗体，则该工程有（　　）个文件需要保存。
    A. 1　　　　　　　　　B. 2　　　　　　　　　C. 3　　　　　　　　D. 4

11. 设窗体 VBform 上有一个命令按钮 Cmd1，下面叙述中正确的是（　　）。
    A. 窗体的 Click 事件过程的过程名是 VBform_Click
    B. 窗体的 Click 事件过程的过程名是 Form1_Click
    C. 命令按钮的 Click 事件过程的过程名是 Cmd1_Click
    D. 命令按钮的 Click 事件过程的过程名是 Command1_Click

12. 要在命令按钮 Cmd1 上显示 "统计"，可用（　　）语句。
    A. Cmd1.Value="统计"　　　　　　　　　B. Cmd1.Caption="统计"
    C. Cmd1.Name="统计"　　　　　　　　　D. Command1.Caption="统计"

13. 下列叙述中，正确的是（　　　）。

　　A．一个工程只能创建一个窗体

　　B．对于一个窗体，其窗体名和窗体文件名必须相同

　　C．同一个事件的名称在不同的程序中可以不同

　　D．每个对象都有一系列预先设置好的事件，但要使对象响应事件时执行某种操作，还需要编写该对象相应的事件过程

二、填空题

1. 对象的三个要素是_____、_____和_____。

2. VB 提供两种运行程序的方式，一种是_____方式，另一种是_____方式。

3. VB 的 3 种工作状态（或称工作模式）是_____、_____和_____。

4. 如果要在单击命令按钮 Command2 时执行一段代码，则应将这段代码写在_____事件过程中。

5. 在设计阶段，双击工具箱中的控件按钮，即可在窗体的_____位置上放置控件。

6. 新建工程时，将其窗体的 Name 属性设置为 MyForm，则默认的窗体文件名为_____。

7. 假设在窗体 Form1 上有一个命令按钮 Cmd1 和一个文本框 Txt1，当单击该命令按钮时，在文本框上显示"VB 语言程序设计"。请完成下列事件过程。

　　Private Sub ___(1)___

　　___(2)___

　　End Sub

上机练习 1

1. 认识 VB 集成开发环境。

启动 VB，新建一个标准 EXE 工程。在 VB 集成开发环境中，进行以下操作。

（1）找出工具箱、工程资源管理器窗口、属性窗口、窗体窗口、代码窗口。

（2）关闭工具箱，再打开工具箱（使用工具栏操作或菜单操作）。

（3）关闭属性窗口，再打开属性窗口（使用工具栏操作或菜单操作）。

（4）双击窗体 Form1 的空白处，打开代码窗口，显示 Form_Load 事件过程模板。

（5）在工程资源管理器窗口中，使用"查看对象"和"查看代码"按钮，在窗体窗口和代码窗口之间进行切换。

（6）在窗体窗口中，调整窗体的大小，运行程序（使用 F5 键或工具栏的"启动"按钮），观察运行时窗体的大小，再单击窗体的"最大化"按钮，观察窗体的大小有何变化。单击窗体的"关闭"按钮，可以结束运行。

（7）运行程序，观察窗体在屏幕上的位置，并结束运行。再在窗体布局窗口中将窗体调整到屏幕中央位置，再次运行程序，并观察窗体在屏幕上的位置。

2. 新建一个标准 EXE 工程，在属性窗口中对窗体 Form1 设置如下属性：

　　Caption(标题)　　　　　　　　上机练习 1-2

　　BackColor(背景颜色)　　　　　浅黄色

　　Left(左边位置)　　　　　　　　1800

　　Top(顶边位置)　　　　　　　　4000

Width(宽)	6000
Height(高)	2000

在设置过程中，观察窗体外观有什么变化，再观察运行后的效果。

3．新建一个标准 EXE 工程，在窗体上创建一个命令按钮 Command1，并在属性窗口中对该按钮设置如下属性：

Caption(标题)	这是命令按钮
Font(字体)	幼圆，粗体，小四号
Visible(可见性)	False

在设置过程中，观察该命令按钮外观有什么变化，再观察运行后的效果。

4．编写一个程序，用户界面由一个窗体、两个标签、两个文本框和一个命令按钮组成，如图 1.14 所示。程序运行后，用户在文本框 Text1 中输入学号（如 18024013），单击"显示学号"命令按钮时，则将学号显示在文本框 Text2 中，如图 1.15 所示。

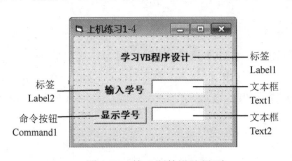
图 1.14 第 4 题的设计界面

图 1.15 第 4 题的运行界面

按以下步骤进行操作。

（1）在 VB 中新建一个标准 EXE 工程。

（2）在窗体上按照图 1.14 所示的内容创建控件。

① 单击工具箱中的 Label 控件，在窗体上拖动鼠标，可以添加一个标签 Label1。使用同样的操作，在窗体上添加另一个标签 Label2。

② 单击工具箱中的 TextBox 控件，在窗体上拖动鼠标，可以添加一个文本框 Text1。使用同样的操作，在窗体上添加另一个文本框 Text2。

③ 单击工具箱中的 CommandButton 控件，在窗体上拖动鼠标，可以添加一个命令按钮 Command1。

适当调整控件的位置。

（3）在属性窗口中设置以下对象的属性。

● 设置窗体 Form1 的 Caption 属性为"上机练习 1-4"。

● 设置标签 Label1 的 Caption 属性为"学习 VB 程序设计"。

● 设置标签 Label2 的 Caption 属性为"输入学号"。

● 设置文本框 Text1 和文本框 Text2 的 Text 属性均为空。

● 设置命令按钮 Command1 的 Caption 属性为"显示学号"。

（4）编写代码，创建事件过程。

双击窗体上的命令按钮 Command1，切换到代码窗口，然后在 Command1_Click 事件过程模板的过程体中插入如下语句：

```
Text2.Text=Text1.Text
```

该语句的含义是将文本框 Text1 中的文本内容传送给文本框 Text2 中。

此时代码窗口显示如图 1.16 所示。

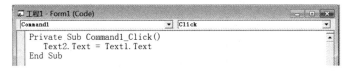

图 1.16　第 4 题的代码窗口

（5）保存工程。

由于只涉及一个窗体（系统默认提供的 Form1），因此，只需保存一个窗体文件和一个工程文件。保存文件的步骤如下。

① 选择"文件"菜单中的"Form1 另存为"命令，系统弹出"文件另存为"对话框，选择好保存位置（假设为"D:\VB\第 1 章"文件夹），输入文件名（如上机练习 1-4.frm），然后单击"保存"按钮，即可保存窗体文件。

② 选择"文件"菜单中的"工程另存为"命令，系统弹出"工程另存为"对话框，选择好保存位置（如"D:\VB\第 1 章"文件夹），输入文件名（如上机练习 1-4.vbp），然后单击"保存"按钮。

说明：本书各章上机练习题所创建的工程均假设保存在"D:\VB\第 *n* 章"文件夹下，工程名采用"上机练习 *n-m*"（*n* 为章号，*m* 为题号）的形式。

（6）运行程序。

单击工具栏中的"启动"按钮，或者选择"运行"菜单中的"启动"命令，即可运行程序。程序运行后，用户在文本框 Text1 中输入学号（如 18024013），单击"显示学号"命令按钮 Command1 时，系统会自动执行 Command1_Click 事件过程，从而在窗体的文本框 Text2 上显示文本框 Text1 中的文本内容，见图 1.15。

单击窗体右上角的"关闭"按钮，或者单击工具栏中的"结束"按钮，结束程序的运行。

5. 编写一个程序，设计界面如图 1.17 所示。单击"是"按钮，文本框中显示"你有电脑吗？"；单击"否"按钮，文本框中显示"我没有电脑"，如图 1.18 所示。

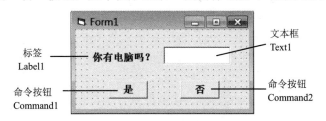

图 1.17　第 5 题的设计界面

图 1.18　第 5 题的运行界面

第 2 章　程序设计基础

作为一门程序设计语言，其中两个重要的方面便是数据和程序控制。数据是程序的必要组成部分，也是程序处理的对象；而程序控制则是对程序运行流程的控制。本章主要介绍程序中的数据及运算，包括数据类型、常量、变量、表达式和函数等。

2.1　数据类型

在使用 VB 应用程序处理问题时，会遇到各种不同类型的数据。例如，一个人的姓名是由一串字符组成的，成绩、年龄和工资都是数值，而是否大学毕业则是一个逻辑值，等等。为此，VB 定义了多种数据类型，如表 2.1 所示。

表 2.1　VB 的基本数据类型

数 据 类 型	关 键 字	占用字节数	类 型 符	范　　围
整型	Integer	2	%	−32768〜32767
长整型	Long	4	&	−2147483648〜2147483647
单精度型	Single	4	!	±1.4E−45〜±3.40E38
双精度型	Double	8	#	±4.94D−324〜±1.79D308
货币型	Currency	8	@	
字节型	Byte	1		0〜255
字符型	String	字符串长度	$	
布尔型	Boolean	2		True 或 False
日期型	Date	8		1/1/100〜12/31/9999
对象型	Object	4		任何对象引用
变体型	Variant	按需分配		

不同类型的数据，所占的存储空间不一样，因此选择使用合适的数据类型，可以节省存储空间和提高运算速度。

说明：初学者开始只要掌握最基本的数据类型，如整型、单精度型、字符型、布尔型、日期型等，其他数据类型粗略了解一下即可。以后需要时，再重新查阅。

1. 数值型

（1）整型（Integer）和长整型（Long）。整型和长整型用于保存整数，整数运算速度快、精确，但表示数的范围小。

整型数据在计算机中用 2 字节存储，可表示的数值范围为−32768〜32767，当使用的数大于 32767 或小于−32768 时，如 33000、−32800 等，程序运行时就会产生"溢出"错误而中断。这时，应采用长整型 Long，甚至采用单精度型或双精度型。

长整型数据在计算机中用 4 字节存储，可表示的数值范围为−2147483648〜2147483647。长整型数据可用来表示比较大的整数。

（2）字节型（Byte）。字节型数据可以表示无符号的整数，范围为 0～255，主要用于存储二进制数。

（3）单精度型（Single）和双精度型（Double）。单精度型数据和双精度型数据是带小数部分的数，表示的数值范围大，但运算时可能有误差且运算速度慢。

单精度型数据最多可以表示 7 位有效数字，小数点可位于这些数字的任何位置。单精度型数据可用小数形式和指数形式来表示。小数形式是数学中常用的形式，如 7.8、−0.514 等；指数形式采用 10 的整数次幂表示数，以 E（或 e）表示底数 10，如 6.53E8（6.53×10^8）、9.273E-14（9.273×10^{-14}）等。

双精度型数据最多可以表示 15 位有效数字，小数点可位于这些数字的任何位置。双精度型数据也有小数和指数两种表示形式，其指数形式中用 D（或 d）表示底数 10，如 7.14D23（7.14×10^{23}）、−3.736014D-13（$-3.736014 \times 10^{-13}$）等。

说明：E（或 e）和 D（或 d）可以作为数的指数符号，它只能出现在数的中间，否则是无效的，如 E、E-5、9DX 等都是错误的。E 和 D 后面的指数必须是整数。

（4）货币型（Currency）。货币型数据是一种专门为处理货币而设计的数据类型。它用于表示定点数，精确到小数点后 4 位，小数点前最多可有 15 位。

2．字符型

字符型（String）用于存放文本型的数据（又称字符串）。字符型数据可以包括所有的西文符号和汉字，使用时用双撇号 "" 括起来。例如，"Canton"，"1+2=?"，"GoodMorning"（表示空格），"程序设计方法" 等都是字符串。其中，双撇号称为起、止界限符，它不是字符串的一部分。

字符串中包含的字符个数称为字符串长度。空字符串不含任何字符（长度为 0），用一对双撇号 "" 表示。在 VB 中，通常把一个汉字作为一个字符来处理，长度为 1。

说明：VB 采用 UniCode（统一编码）字符编码方式。UniCode 是全部用 2 字节表示一个字符的字符集。在这种编码机制下，一个英文字母或一个汉字都看作一个字符（长度为 1），所占用的存储空间均为 2 字节。

字符串分为变长字符串和定长字符串。变长字符串的长度不固定，随着对字符串变量赋予新的字符串，它的长度可增可减。定长字符串的长度保持不变。

字符串数据可以由任意字符组成，但长度不能超过 65536 个字符（定长字符串）或 20 亿个字符（变长字符串）。

3．布尔型

布尔型（Boolean）又称逻辑型，其数据只有 True（真）和 False（假）两个逻辑值。常用于表示逻辑判断的结果。

当把数值型数据转换为逻辑值时，0 会转换为 False，其他非 0 值转换为 True。把逻辑值转换为数值时，False 转换为 0，True 转换为-1。

4．日期型

日期型（Date）用来表示日期和时间。它采用两个 "#" 符号把日期和时间的值括起来，就像字符型用双撇号括起来一样，如#08/20/2001#、#2001-08-20#、#08/20/2001 2:55:10 AM#。

5．变体型

变体型（Variant）是一种可变的数据类型，可以存放任何类型的数据。当指定变量为变体型变量时，不必在数据类型之间转换，VB 会自动完成必要的转换。在程序中不特别说明时，VB 会自动将该变量默认为变体型变量。例如：

```
Temp="99"                '赋值一个字符串
Temp=Temp-2              '转换为数值型运算
Temp=#01/01/2002#        '赋值一个日期
```

上述 Temp 的类型随赋值类型不同而不同，其转换处理是由 VB 自动完成的。

6．对象型

对象型（Object）可用来表示程序中的对象。使用时先用 Set 语句给对象赋值，其后才能引用对象。

2.2　常量与变量

在程序运行期间，常量用来表示固定不变的数据，而变量则存储可能变化的数据。

2.2.1　常量

VB 中有两种形式的常量：直接常量和符号常量。

1．直接常量

直接常量是在程序中直接给出的数据。例如：

数值常量：321、-463、-85.32、12E-7。

字符串常量："Visual Basic"、"13.57"、"02/01/1998"。

逻辑值常量：True、False。

日期常量：#09/11/2000#、#Jan 1、2001#。

说明：

（1）数值常量可以是直接给出的数，如 123、45.5 等；也可以是采用指数形式的数，如 1.3E+4、.6D-2 等。在 VB 中还允许使用八进制数和十六进制数，以&O 开头的数为八进制数，以&H 开头的数为十六进制数，如&O12、&H4E、&H3F2D 等。

（2）VB 在判断数值常量类型时有时存在多义性，例如，数值 5.4 可能是单精度类型，也可能是双精度类型或货币类型。在默认情况下，VB 将选择需要内存容量最小的数据类型，故数值 5.4 将被作为单精度型数据处理。为了指明常量的类型，可以在常量后面加上类型符，如 3.6#（表示双精度型数据）、84.13@（表示货币型数据）等。

（3）字符串常量用来表示文字信息，如姓名、地址、编号等，其内容必须用英文双撇号（作为起止界限符）括起来，如"北京市"和"Visual Basic 程序设计"等。

要注意的是，VB 系统是通过双撇号来识别字符串常量的，因此双撇号是一个不可缺少的关键符号。例如，将字符串常量"计算机世界"赋值给变量 s，应写成：

```
s="计算机世界"
```

而不能写成

```
s=计算机世界
```

或

```
s="计算机世界"              '不能用中文引号替代双撇号
```

2. 符号常量

在程序中往往会多次用到某些常量（如圆周率 π=3.14159…），为避免重复书写该常量，VB 提供了符号常量。也就是说，用一个符号来代替一个常量（如用 PI 来代替 3.14159）。这样可以增加程序的可读性和可维护性。

符号常量分为两大类，一类是系统内部定义的符号常量，这类常量用户随时可以使用，如系统定义的颜色常量 vbBlack（代表黑色）、vbRed（代表红色）等。

另一类符号常量是用户用 Const 语句定义的，这类常量必须先声明后才能使用。Const 语句的一般语法格式如下：

    Const 常量名[As 数据类型]=表达式

功能：将表达式表示的数据值赋给指定的符号常量。

常量名的命名规则与变量名相同。为了便于辨认，习惯将符号常量名采用大写字母表示。

示例：

Const PI=3.14159   '定义单精度型常量 PI，不指定数据类型时，默认为单精度型

Const MAX As Integer=100   '定义常量 MAX，整型数据

s=2*PI*5   '引用符号常量 PI

注意：符号常量有点像变量，但不能像修改变量的值那样修改符号常量，也不能对符号常量赋以新值。

2.2.2 变量

变量是指在程序运行过程中，其值可以发生变化的量。变量代表内存中指定的存储单元，是程序中数据的临时存放场所。每个变量都有一个名字和数据类型，通过变量名可以引用这个变量，数据类型决定了变量的存储形式。

1. 变量的命名规则

给变量命名时应遵守以下规则。

（1）变量名必须以字母或汉字开头。

（2）只能由字母、汉字、数字和下画线组成，不能含有小数点、空格等字符。

（3）字符个数不得超过 255 个。

（4）不能使用 VB 的关键字作为变量名。VB 的关键字是指 VB 系统已定义的词，如语句名、函数名等。例如，For、Sub、End 等都是 VB 关键字，不能作为变量名，但 For_1、Sub1 等可以作为变量名。

（5）VB 不区分变量名中字母的大小写，例如，Hello、HELLO、hello 都是指同一个变量名。

例如，x、x1、total、txt1、地址、姓名_1 等都是合法的变量名，而 3c、t.1、as 等都是不合法的变量名。

为变量命名时，最好使用有实际意义、容易记忆的变量名，例如，用 average 代表平均数，用 sum 代表总和。在本书的一些实例中，为简单起见，仍用单字母的变量名（如 a、b、c 等）。

2. 变量的声明

变量的声明就是向程序说明要使用的变量，以便系统为其分配内存单元。

用 Dim 语句可以声明变量，其语法格式如下：

Dim 变量名 [As 数据类型][, 变量名 [As 数据类型]…]

例如：

Dim total As Integer   '把 total 定义为整型变量（2 字节）

Dim nam As String   '把 nam 定义为变长字符串变量

Dim addr   '默认为变体型变量

说明：（1）在用 Dim 语句声明一个变量后，VB 系统会自动为该变量赋初值。若变量为数值，则初值为 0；若变量为变长字符串，则初值为空字符串。未定义数据类型的变量，默认为变体型。

（2）可以使用数据类型符来声明变量类型。例如，前面两个声明语句也可写成：

Dim total%

Dim nam$

（3）默认情况下，字符串变量是不定长的。声明定长字符串变量的方法是：

Dim 变量名 As String * 长度

例如，声明一个长度为 20 的定长字符串变量 stname，可用以下语句：

Dim stname As String * 20

如果赋予字符串变量的字符少于 20 个，则用空格将 stname 的不足部分填满；如果赋予的字符超过 20 个，VB 会自动截去超出部分的字符。

（4）除用 Dim 语句声明变量外，还可以用 Public、Private 或 Static 语句来声明变量，但作用有差异。

在使用变量之前，采用 Dim、Public、Private 或 Static 语句来预先声明变量，称为显式声明变量。

3．隐式声明

在 VB 中，允许对使用的变量未进行上述声明而直接使用，称为隐式声明。此时默认的变量类型为变体型。例如，下列语句：

Dim a As Double   '显式声明双精度型变量 a

a=23.1234   'a 占 8 字节，有效数字最多可达 15 个

b=1.2   'b 没有被显式声明，默认为变体型（由系统自动确定数据类型）

c="AB12"   'c 没有被显式声明，默认为变体型（由系统自动确定数据类型）

为了使程序具有较好的可读性，并利于程序的调试，一般应对使用的变量进行显式声明。也可使用 Option Explicit 语句要求所有变量都要显式声明。

4．变量的基本特点

变量是程序设计中的一个重要概念。初学者要熟练地掌握变量的基本特点和使用方法，力求在编程中把它用好用活。

① "可变"。一个变量某个时刻只能存放一个值，当将某个数据存放到一个变量时，就会把变量中原有的值 "冲" 掉，换成新的值。例如，以下两个赋值语句：

a=3

a=8

执行第一个赋值语句 "a=3" 时，将值 3 存放到变量 a 中。当执行第二个赋值语句 "a=8" 时，就会把 a 中原有的值 3 "冲" 掉，换成新值 8。

因此，同一个变量在程序运行的不同时刻可以取不同的值。

② "取之不尽"。程序中可使用变量进行各种运算。在运算过程中，如果没有改变该变量的值，

那么，不管使用变量的值进行多少次运算，其值始终保持不变。例如：

  x=5

  a=3+x

  b=x*x – 4*x

变量 x 在后两个语句中被多次使用，但它始终保持原值 5，因为变量值被读出后，其值没有被改变。

2.3 表达式

运算符是指定某种运算的操作符号。将常量、变量、函数等用运算符连接起来的运算式称为表达式。单个的常量、变量或函数也可看成简单的表达式。VB 中有 5 类表达式：算术表达式、字符串表达式、日期表达式、关系表达式和逻辑表达式。本节介绍前 3 类，后两类表达式将在 4.1 节中介绍。

2.3.1 算术表达式

算术表达式也称数值表达式，由算术运算符、数值型常量、变量、函数及括号组成，其运算结果是一个数值。

VB 有 8 种算术运算符，如表 2.2 所示。

表 2.2 算术运算符

运 算 符	含 义	优 先 级	例 子
^	幂运算	1	a^b
–	取负	2	–a
*, /	乘、除	3	a*b, a/b
\	整除	4	a\b
Mod	求余的模运算	5	a Mod b
+, –	加、减	6	a+b, a–b

同一个表达式中若有两个相同优先级的运算符，则运算顺序从左到右。有括号时括号内优先。

（1）幂运算用来计算乘方和方根。例如，2^5 表示 2 的 5 次方，而 2^（1/2）或 2^0.5 是计算 2 的平方根。

（2）/和\的区别：1/2=0.5，1\2=0，整除号\用于整数除法。在进行整除时，如果参加运算的数含有小数，则将它们四舍五入，使其成为整型数据或长整型数据，然后再进行运算。

（3）Mod 用来求余数，其结果为第一个操作数整除第二个操作数所得的余数。求余运算一般用于整数。如果操作数带小数，则首先被四舍五入为整数，然后求余数。运算结果的符号取决于第一个操作数。例如：

  9 Mod 7   '结果为 2

  16 Mod 25   '结果为 16

  25.56 Mod 6.91   '先四舍五入再求余数，结果为 5

（4）在表达式中乘号不能省略，如 a*b 不能写成 ab（或 a·b），(a+b)*(c+d)不能写成(a+b)(c+d)。

（5）括号一律采用圆括号。圆括号可以嵌套使用，即在圆括号的里面再套圆括号，但层次一定要分明，左圆括号和右圆括号要配对。例如，可以把数学公式 $x[x(x+1)+1]$ 写成算术表达式 x*(x*(x+1)+1)。

以下是一些算术表达式的例子。

数学公式	算术表达式
$5x^{10}+\dfrac{x}{6}+\sqrt[3]{x}$	5*x^10+x/6+x^(1/3)
$(-3)^5+4/ab$	(-3)^5+4/(a*b)
$8\sin x^3-\sin^2 x$	8*sin(x^3) -sin(x)^2

【例 2.1】 求算术表达式 2+3.2 * 4 Mod 17.52 \ 4.32 / 2 的值。

根据运算符的优先级，该表达式的计算步骤如下：

① 计算乘除，得到 2+12.8 Mod 17.52\2.16。

② 计算整除（\），得到 2+12.8 Mod 9（17.52 和 2.16 两数先四舍五入为 18 和 2）。

③ 求余运算（Mod），得到 2+4（12.8 先四舍五入为 13）。

④ 求和运算，得到表达式的最后结果为 6。

2.3.2 字符串表达式

字符串表达式由字符串常量、字符串变量、字符串函数和字符串运算符组成。运算符有两个：&和+，它们的作用都是将两个字符串连接起来，合并成一个新的字符串。

使用+运算符实现字符串连接时，要求其前后两个操作数都必须是字符串，而使用&运算符实现字符串连接时，却没有这样的要求，因为&运算符能自动将其前后的操作数都转换成对应的字符串。例如：

"计算机" & "软件"	'结果是"计算机软件"
"Windows" & 98	'结果是"Windows 98"
"Windows"+98	'错误，+运算符只能用于连接两个字符串
"123"+"45"	'结果是"12345"

建议使用&运算符实现字符串的连接运算，但在输入程序时，变量与符号"&"之间应加一个空格，如 a□&b（□表示空格）而不能是 a&b。这是因为，符号"&"还是长整型的类型符，如果变量与符号"&"接在一起（如 a&），VB 先把它作为一个长整型变量处理，就会出现语法错误。

2.3.3 日期表达式

日期表达式由运算符（+或-）、算术表达式、日期型常量、日期型变量和函数组成，有以下 3 种运算方式。

（1）两个日期型数据相减，其结果为一个数值型数据（相差的天数）。例如：

　　#8/8/2001# - #6/3/2001#　　'结果为 66

（2）日期型数据加上天数，其结果为一个日期型数据。例如：

　　#12/1/2000#+31　　'结果为#01/01/2001#

（3）日期型数据减去天数，其结果为一个日期型数据。例如：

　　#12/1/2000# - 32　　'结果为#10/30/2000#

2.4 常用内部函数

函数是一段代码，能完成一种特定的运算。VB 中有两类函数：内部函数和用户自定义函数。用户自定义函数就是用户根据需要定义的函数，也就是后面所要介绍的 Function 过程。

内部函数也称标准函数，是由 VB 系统提供的。这些内部函数使用非常方便，用户不必了解函数内部的处理过程，只需给出函数名和适当的参数，就能得到它的函数值。如要计算 x 的平方根，只要写出：

      y=Sqr(x)

其中，Sqr 是内部函数名，x 为参数。运行时，该语句调用内部函数 Sqr 来求 x 的平方根，其计算结果由系统返回作为 Sqr 的函数值。

VB 的内部函数大体上分为四大类：数学函数、字符串函数、日期/时间函数和转换函数。

说明：本节介绍的函数较多，读者不妨先粗略看过，以后用到某函数时，再回过头来仔细体会它的功能和用法。

2.4.1 数学函数

在数值计算中，经常会遇到一些常用算术函数的计算，如 $\sin x$、$\cos x$、$\sqrt{x}$、取整数等，如果用到这些算术函数时，都要由使用者自己编写计算程序，那将是十分烦琐的工作。为此，VB 提供了一批数学函数，在程序中要使用某个函数时，只要调用该函数即可。

VB 提供的 13 种常用数学函数如表 2.3 所示。

使用数学函数的几点说明如下。

（1）三角函数的自变量单位是弧度，如 Sin47° 应写成 Sin(47*3.14159/180)。

（2）要区分取整函数 Int()、Fix() 和 Round() 的异同。

表 2.3　常用的数学函数

函　数	返回值类型	功　能	例　子	结　果
Abs(x)	与 x 相同	求 x 的绝对值	Abs(-4.6)	4.6
Sqr(x)	Double	求 x 的平方根	Sqr(9)	3
Sin(x)	Double	求 x 的正弦值	Sin(30*3.14/180)	0.499⋯
Cos(x)	Double	求 x 的余弦值	Cos(60*3.14/180)	0.500⋯
Tan(x)	Double	求 x 的正切值	Tan(60*3.14/180)	1.729⋯
Atn(x)	Double	求 x 的反正切	4*Atn(1)	3.14159⋯
Exp(x)	Double	求 e（自然对数的底）的幂值	Exp(x)	e^x
Log(x)	Double	求 x 的自然对数值	Log(x)/Log(10)	$\log_{10}x$
Int(x)	Double	取不大于 x 的最大整数	Int(99.8) Int(-99.8)	99 -100
Fix(x)	Double	取 x 的整数部分	Fix(99.8) Fix(-99.8)	99 -99
Round(x[,n])	Double	对 x 进行四舍五入，保留的小数位数由 n 指定	Round(1.35,1) Round(1.236,2)	1.4 1.24
Sgn(x)	Integer	取 x 的符号	Sgn(5) Sgn(0) Sgn(-5)	1 0 -1

（3）函数 Int(x) 是求小于或等于 x 的最大整数。例如，Int(2)=2，Int(-2.5)=-3，Int(-3)=-3，也

就是说，当 x>=0 时就直接舍去小数，若 x<0 则取小于或等于 x 的第一个负整数。

Int 函数有两种常用用法。

① 对数值四舍五入，其作用与函数 Round(x,n)相同。例如，对一个正数 x 舍去小数位时进行四舍五入，可采用如下式子：

      Int(x+0.5)

当 x=9.4 时，Int(9.4+0.5)=9。

当 x=9.5 时，Int(9.5+0.5)=10。

② 求余数。例如，求一个正整数 x 除以 k 所得的余数，可以采用 x-k*Int(x/k)，其作用与 x Mod k（或 x-k*Fix(x/k)）相同。

【例 2.2】 已知 a=6，b=9，计算 $c=\sqrt{a^2+b^2}$。

通过窗体的 Click 事件过程来实现上述要求，代码如下：

Private Sub Form_Click()
    Dim a As Single, b As Single, c As Single
    a=6
    b=9
    c=Sqr(a * a+b * b)
    Print "c="; c   '使用 Print 方法将计算结果显示在窗体上
End Sub

运行程序时单击窗体，在窗体上显示结果如下：

    c=10.81665

2.4.2 字符串函数

在计算机的各种应用中，有大量的文字处理操作，如字符串的查找、比较、截取等。为此，VB 提供了一批用于字符串处理的函数。常用的字符串函数如表 2.4 所示。

表 2.4 常用的字符串函数

函　　数	返回值类型	功　　能	例　　子	结　　果
Len(字符串)	Integer	求字符串长度	Len("ABCD")	4
Left(字符串,n)	String	取左边 n 个字符	Left("ABCD",3)	"ABC"
Right(字符串,n)	String	取右边 n 个字符	Right("ABCD",3)	"BCD"
Mid(字符串,p[,n])	String	从第 p 个开始取 n 个字符	Mid("ABCDE",2,3)	"BCD"
Instr([f,]字符串 1,字符串 2[,k])	Integer	求字符串 2 在字符串 1 中出现的起始位置	Instr("ABabc","ab")	3
String(n,字符)	String	生成 n 个字符	String(4,"*")	"****"
Space(n)	String	生成 n 个空格	Space(5)	□□□□□
Ltrim(字符串)	String	去掉左边空格	Ltrim("□□AB□")	"AB□"
Rtrim(字符串)	String	去掉右边空格	Rtrim("□□AB□")	"□□AB"
Trim(字符串)	String	去掉左、右两边的空格	Trim("□□AB□")	"AB"
Lcase(字符串)	String	转成小写形式	Lcase("Abab")	"abab"
Ucase(字符串)	String	转成大写形式	Ucase("Abab")	"ABAB"

注：□表示空格，后同。

使用字符串函数的几点说明如下。

（1）在 Mid 函数中，若省略 n，则得到从 p 开始往后的所有字符，如 Mid("ABCDE",2)的结果为"BCDE"。

（2）在 Instr 函数中，f 和 k 均为可选参数，f 表示开始搜索的位置（默认值为 1），k 表示比较方式。若 k 为 0（默认），则表示区分大小写；若 k 为 1，则不区分大小写。例如，Instr(3,"A12a34A56","A")的结果为 7，而 Instr(3,"A12a34A56","A",1)的结果为 4。

（3）在 String 函数中，字符也可以用 ASCII 码值（见附录 A）来表示，如 String(6,42)与 String(6,"*")作用相同。

（4）在表 2.4 及表 2.6 所列出的函数中，凡返回值为字符串（String）的函数，其函数名的尾部都可加入"$"，如 Left("ABC",1)也可写为 Left$("ABC",1)。

【例 2.3】 使用字符串函数的示例。从字符串头部、尾部各取出一个字符，连接后组成一个新字符串并显示出来。例如，如果字符串为"computer"，则处理后的新字符串为"cr"。

（1）如图 2.1 所示，将两个文本框 Text1 和 Text2 分别用于输入字符串和显示结果。

（2）编写命令按钮 Command1 的 Click 事件过程，代码如下：

```
Private Sub Command1_Click()          '处理
    Dim str1 As String, str2 As String, str3 As String
    str1=Trim(Text1.Text)             '读取文本框 Text1 中的文本，去掉左、右边的空格
    str2=Left(str1,1)                 '取左边一个字符
    str3=Right(str1,1)                '取右边一个字符
    Text2.Text=str2 & str3            '连接后显示在文本框 Text2 中
End Sub
```

运行程序后，在文本框 Text1 中输入一个字符串（如"Visual Basic"），单击"处理"按钮，显示结果如图 2.1 所示。

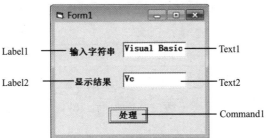

图 2.1　运行界面

2.4.3　日期/时间函数

日期/时间函数用于进行日期和时间处理。常用的日期/时间函数如表 2.5 所示。

表 2.5　常用的日期/时间函数

函　数	返回值类型	功　能	例　子	结　果
Date	Date	返回当前系统日期	Date	2020/11/03
Time	Date	返回当前系统时间	Time	7:03:28
Now	Date	返回当前系统日期和时间	Now	2020/11/03 7:03:28
Day(日期)	Integer	返回日数	Day(#2002/9/24#)	24
Month(日期)	Integer	返回月份数	Month(#2002/9/24#)	9
Year(日期)	Integer	返回年度数	Year(#2002/9/24#)	2002

函　数	返回值类型	功　能	例　子	结　果
Weekday(日期)	Integer	返回星期几	Weekday(#2002/9/24#)	3
Hour(时间)	Integer	返回小时数	Hour(#8:3:28 PM#)	20
Minute(时间)	Integer	返回分数	Minute(#8:3:28 PM#)	3
Second(时间)	Integer	返回秒数	Second(#8:3:28 PM#)	28

说明：函数 Weekday 返回值为 1～7，依次表示星期日至星期六。

2.4.4　类型转换函数

类型转换函数用于数据类型的转换。常用的类型转换函数如表 2.6 所示。

表 2.6　常用的类型转换函数

函　数	返回值类型	功　能	例　子	结　果
Val(x)	Double	将数字字符串转换为数值	2+Val("12")	14
Str(x)	String	将数值转换为字符串，字符串第一个字符表示符号	Str(5)	"□5"
Asc(x)	Integer	求字符串中第一个字符的 ASCII 码值	Asc("AB")	65
Chr(x)	String	将 x（ASCII 码值）转换为字符	Chr(65)	"A"
Cint(x)	Integer	将 x 转换为整型数据，小数部分四舍五入	Cint(1234.57)	1235
Clng(x)	Long	将 x 转换为长整型数据，小数部分四舍五入	Clng(325.3)	325
Csng(x)	Single	将 x 四舍五入为单精度型数据	Csng(56.5421117)	56.54211
Cdbl(x)	Double	将 x 转换为双精度型数据	Cdbl(1234.5678)	1234.5678
Ccur(x)	Currency	把 x 转换为货币型数据，小数部分最多保留 4 位且自动四舍五入	Ccur(876.43216)	876.4322
Cvar(x)	Variant	把 x 转换为变体型数据	Cvar(99 & "00")	"9900"
Hex(x)	String	把十进制数 x 转换为十六进制数	Hex(31)	"1F"
Oct(x)	String	把十进制数 x 转换为八进制数	Oct(20)	"24"

说明：（1）Val()将数字字符串转换为数值型数据时，可自动将字符串中的空格去掉，并依据字符串中排列在前面的数值常量来定值，例如：

  Val("12A12")的值为 12　　'以前面 12 来定值

  Val("1.2e2")的值为 120　　'1.2e 2 是单精度型数据的指数形式

  Val("bc12")的值为 0　　　　'前面部分不是数值形式，其函数值为 0

可以看出，当字符串中出现数值字符串之外的字符（如字母 A）时，则停止转换，函数返回停止转换前的结果。

（2）Str()将数值转换为字符串时，字符串第一个字符表示符号（正数用空格表示）。例如，Str(-32)的值为"-32"，而 Str(32)的值为"□32"。

（3）Chr()和 Asc()互为反函数，即 Chr(Asc())、Asc(Chr())的结果为原来各自自变量的值。例如，Chr(Asc(65))的结果还是 65。

2.4.5　格式输出函数

函数格式：Format(表达式[,格式串])

功能：根据"格式串"规定的格式来输出表达式的值。

其中，"表达式"为要输出的内容，可以是数值表达式、日期表达式或字符串表达式；"格式串"表示输出表达式时采用的输出格式，不同数据类型所采用的格式串是不同的。

数值类格式串的常用符号及其含义如表 2.7 所示。

表 2.7　数值类格式串的常用符号及其含义

符　　号	功　　能
#	数字占位符，显示一位数字。例如，121.5 采用格式"###"，显示为 122（后一位四舍五入）
0	数字占位符，前、后会补足 0。例如，121.5 采用格式"000.00"，显示为 121.50
.	小数点
%	百分比符号
,	千位分隔符
E-, E+	科学记数法格式
-,+,$	负、正号及美元符号，可以原样显示

对于符号 0 和#，若数值的小数位数多于格式串的位数，则按四舍五入处理。

以下是几个简单的示例。

```
Print Format(12345.6, "##,###.##")      '使用 Print 方法输出
Print Format(12345.6, "0000000")
Print Format(12345.6, " $####,#.00")
Print Format(12345.67, "+####,#.#")     '逗号可放在小数点左边的任何位置（占位符的中间）
Print Format(123.45, "0.000E+00")
```

输出结果分别是：

12,345.6

0012346

　$12,345.60

+12,345.7

1.235E+02

对于日期/时间型的格式串符号和字符型的格式串符号，请参考 VB 的帮助文件，这里不再赘述。

2.4.6　随机函数

在编写程序时，有时需要产生一定范围内的随机数，这就要用到随机函数和随机函数初始化语句。

1. 随机函数 Rnd

语法格式：Rnd \[(x)\]

该函数产生一个介于 0 和 1 之间的单精度型随机数，一般可省略随机函数的参数 x 和圆括号。所谓随机数是指人们不能预先估计到的数。

通常把 Rnd()与 Int()配合使用，例如，Int(4*Rnd+1)可以产生 1～4（含 1 和 4）的随机整数，也就是说，该表达式的值可以是 1、2、3 或 4，这由 VB 运行时随机给定。

要生成[a,b]区间内的随机整数，可以使用表达式：

Int((b-a+1)*Rnd+a)

2．随机函数初始化语句

语法格式：Randomize [n]

该语句用于初始化随机数生成器，一般可省略参数 n。

默认情况下，每次运行一个应用程序，Rnd 都会产生相同序列的随机数。Randomize 语句可以使随机函数 Rnd 产生不同序列的随机数，因此在使用 Rnd 时都要先执行 Randomize 语句。

【例 2.4】 通过随机函数产生两个两位正整数，求这两个数之和并显示出来。

编写窗体单击事件过程，代码如下：

```
Private Sub Form_Click()
    Dim a As Integer, b As Integer, c As Integer
    Randomize                      '初始化随机数发生器
    a=Int(90 * Rnd+10)             '产生[10,99]区间内的随机整数
    b=Int(90 * Rnd+10)
    c=a+b                          '求两数之和
    Print "产生的两个随机数: "; a, b
    Print "和数: "; c
End Sub
```

运行程序后单击窗体，输出结果如下。

产生的两个随机数：56　71

和数：127

再次单击窗体，得到的另一组输出结果如下。

产生的两个随机数：18　37

和数：55

2.5　代码的书写规则

程序是由一系列语句组成的。语句是执行具体操作的指令，它又由关键字、函数、表达式等组成。以下是书写语句的一些简单规则。

（1）严格按照语句的语法格式规定来书写语句，否则会产生程序错误。如语句：

Dim x As Integer, Dim y As Integer

如果将逗号写错了，变成

Dim x As Integer; Dim y As Integer

则会产生语法错误。

（2）通常一行写一个语句。如果在同一行中写多个语句，则语句之间要用冒号"："作为分隔符号，例如：

sum=sum+x : count=count+1

（3）有时一个语句很长，一行写不下，可使用续行符（一个空格后面加一个下画线"_"），将长语句分成多行。例如：

Text1.Text=Text2.Text & Text3.Text & Text4.Text & Text5.Text _

& Left(Text 6.Text,3)

（4）代码中使用的字母不区分大小写。为便于阅读，系统会自动将关键字的首字母变为大写形式，其余字母均转换成小写形式，例如，输入"dim x as string"，按回车键后可自动转变为"Dim x As String"。注意到这一点，可有助于判断是否输错了关键字。

（5）在编写代码时，常使用左缩进来体现代码的层次关系，例如：

```
Private Sub Command1_Click()
    Dim a As Integer
    a=Val(InputBox("输入 a 的值"))
    If a<0 Then
        MsgBox("a<0")
    Else
        MsgBox("a>=0")
    End If
End Sub
```

（6）各关键字之间，关键字和变量名、常量名、过程名等之间一定要用空格分隔。例如，"If a<0 Then"不能写成"Ifa<0Then"。

（7）程序中除注释内容及字符串常量外，语句中使用的逗号、引号、括号等符号都是英文状态下的半角符号，不能使用中文状态下的符号。如语句 Print "x<0"，不能写成 Print "x<0"。注意，初学者的许多程序错误都是由此而引起的。

习题 2

一、单选题

1. 下列各项中，___（1）___可以作为变量名，___（2）___不能作为变量名。
   （1）A. a1_0 　　　　　B. Dim 　　　　　C. K6/600 　　　　　D. CD[1]
   （2）A. ABCabc 　　　　B. A12345 　　　　C. 18AB 　　　　　D. Name1
2. 空字符串是指（ 　　 ）。
   A. 长度为 0 的字符串 　　　　　　　　　B. 只包含空格字符的字符串
   C. 长度为 1 的字符串 　　　　　　　　　D. 不定长的字符串
3. 使用变量 x 存放数据 12345678.987654 时，应该将 x 声明为（ 　　 ）。
   A. 单精度型（Single） 　　　　　　　　B. 双精度型（Double）
   C. 长整型（Long） 　　　　　　　　　　D. 货币型（Currency）
4. 定义一个整型变量和两个字符串变量的正确语句是（ 　　 ）。
   A. Dim a As Integer,b,c As String 　　　　B. Dim a%,b$,c As Integer
   C. Dim a,b As Integer,c As String 　　　　D. Dim a$,b As Integer,c As String
5. 表达式 33 Mod 17\3*2 的值为（ 　　 ）。
   A. 10 　　　　　　　B. 1 　　　　　　　C. 2 　　　　　　　D. 3
6. 如果 a、b、c 的值分别是 3、2、−3，则下列表达式的值是（ 　　 ）。
   Abs(b+c)+a*Int(Rnd+3)+Asc(Chr(65+a))
   A. 10 　　　　　　　B. 68 　　　　　　　C. 69 　　　　　　　D. 78
7. 设 m="morning"，下列表达式（ 　　 ）的值是"mor"。
   A. Mid(m,5,3) 　　　B. Left(m,3) 　　　C. Right(m,4) 　　　D. Mid(m,3,1)
8. 设 A="12345678"，则表达式 Val(Left(A, 4)+Mid(A,4,2))的值是（ 　　 ）。
   A. 123456 　　　　　B. 123445 　　　　　C. 8 　　　　　　　D. 6

9. 在下列函数中，（　　）的执行结果与其他三个不一样。

    A．String(3,"5")　　　　　B．Str(555)　　　　　C．Right("5555",3)　　　　D．Left("55555",3)

10. 设变量 A 的值为-2，则（　　）的执行结果与其他三个不一样。

    A．Val("A")　　　　　　B．Int(A)　　　　　　C．Fix(A)　　　　　　D．-Abs(A)

11. 要在窗体 Form1 的标题栏上显示"统计程序"，可用语句（　　）。

    A．Form1.Name="统计程序"　　　　　　　　　　B．Form1.Caption="统计程序"

    C．Form1.Caption=统计程序　　　　　　　　　　D．Form1.Caption="统计程序"

12. 设 x=10，y=20，要求生成一个字符串变量 s，其值为"10*20=200"，其中数字由变量 x 和 y 的值或表达式（　　）来表示。

    A．s="x*y=" & x*y　　　　　　　　　　　　B．s="x" & "*" & y & "=& x*y"

    C．s=x & "*" & y & "=" & x*y　　　　　　　　D．s=x+"*"+y+"="+x*y

13. 从字符串变量 S 中取出最后（右边）两个字符，可以采用（　　）。

    A．Right(2,S)　　　　　　　　　　　　　　B．Mid(S,Len(S)-1)

    C．Mid(S,2,2)　　　　　　　　　　　　　　D．Right(S,Len(S)-2)

14. 已知 A=Space(1)，要产生三个空格，可以采用（　　）。

    A．Right(A,3)　　　　　B．Space(3*A)　　　　　C．String(3,A)　　　　D．3 * A

15. 要求一个正整数 n 除以 8 所得的余数，不可以采用（　　）。

    A．n Mod 8　　　　　B．n-Fix(n/8)*8　　　　　C．n-Int(n/8)*8　　　　D．n-Int(n\8)

二、填空题

1. 把下列数学式写成等价的 VB 表达式。

（1）$\dfrac{2+xy}{2-y^2}$ 写成＿＿＿＿＿＿＿＿。

（2）$a^2 - \dfrac{3ab}{3+a}$ 写成＿＿＿＿＿＿＿＿。

（3）$\sqrt[8]{x^3} + \sqrt{y^2 + 4\dfrac{a^2}{x+y^3}}$ 写成＿＿＿＿＿＿＿＿。

2. 要产生 50～55（含 50 及 55）的随机整数，采用的 VB 表达式是＿＿＿＿＿＿。

3. 写出下列表达式的值。

（1）Val("15□3") - Val("15-1a3")的值是＿＿＿＿＿＿。

（2）7 Mod 3+8 Mod 5*1.2 - Int(Rnd)的值是＿＿＿＿＿＿。

（3）Val("120")+Asc("abc")-Instr("JKLHG","LH")的值是＿＿＿＿＿＿。

（4）Len(Chr(70)+Str(0))+Asc(Chr(67))的值是＿＿＿＿＿＿。

（5）Mid(Trim(Str(345)),2)的值是＿＿＿＿＿＿。

（6）Year(Now)-Year(Date)的值是＿＿＿＿＿＿。

4. 下列语句执行后，s 的值是＿＿＿＿＿＿。

```
t="数据库管理系统"
s=Right(t,2)+Mid(t,4,2)+Left(t,3)
```

上机练习 2

1．设计一个日历钟表。

（1）按照图 2.2 设计界面，在窗体上添加 11 个控件，即 6 个标签（Label1～Label6）和 5 个文本框（Text1～Text5）。

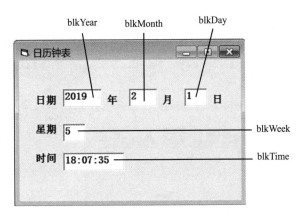

图 2.2　日历钟表

（2）在属性窗口中设置以下对象的属性。

● 将窗体的 Caption 属性设置为"日历钟表"。

● 选定所有的控件（按住 Shift 键的同时逐一单击控件），通过 Font 属性将所有控件的字体设置为粗体和五号字。

● 设置标签 Label1～Label6 的 Caption 属性分别为日期、年、月、日、星期和时间。

● 设置文本框 Text1～Text5 的 Name 属性分别为 blkYear、blkMonth、blkDay、blkWeek 和 blkTime，设置其 Text 属性均为空。

说明：在本书的大多数程序中，控件的 Name 属性一般采用系统默认的属性值，如 Text1、Text2、Label1、Command1 等，本题要求修改控件的 Name 属性值，其目的是使读者熟悉这个操作方法。

（3）编写窗体的 Click 事件过程，代码如下：

```
Private Sub Form_Click()
    Dim d As Date
    d=Date
    blkYear.Text=Year(d)
    blkMonth.Text=Month(d)
    blkDay.Text=Day(d)
    blkWeek.Text=Weekday(d)-1
    blkTime.Text=Time
End Sub
```

程序运行时单击窗体，则显示出当前的日期、星期及时间，效果见图 2.2。

2．编写程序，使之能输入一个数 x，然后按数学公式 $y = \sqrt[3]{x^3 + x^4}$ 进行计算，按照图 2.3 设计界面。

图 2.3　第 2 题的运行界面

3．设计程序，在窗体上创建三个命令按钮，如图 2.4 所示，单击后可分别使窗体最大化、还原或最小化。

【提示】　使用窗体的 WindowState 属性可以设置窗体的最大化、还原及最小化。

图 2.4　第 3 题的运行界面

4．设计程序，在一个文本框中输入一串字符（长度大于 2），单击"处理"按钮时，去掉该字符串头、尾部各一个字符，处理结果显示在第 2 个文本框中。例如，输入"ABCDEF"，输出"BCDE"。

5．利用随机函数产生三个随机数，包括一个 1 位数、一个 2 位数和一个 3 位数，计算这三个数的平均值，保留 2 位小数。按照图 2.5 设计界面，程序运行后，单击"产生随机数"按钮时生成三个随机数，单击"计算"按钮时计算平均值。

【提示】对某数进行四舍五入，并保留 2 位小数，可以采用 Round(x,2)、Int(x*100+0.5)/100 或 Format(x,"###.00")。

图 2.5　第 5 题的运行界面

第 3 章　顺序结构程序设计

VB 融合了面向对象和结构化编程的两种设计思想，在界面设计时使用各种控件对象，并采用事件驱动机制来调用相对应的事件过程，而在事件过程中使用结构化程序设计方法编写代码。

结构化程序设计方法有三种基本控制结构，它们是顺序结构、选择结构和循环结构，各种复杂的程序就是由若干个基本结构组成的。

顺序结构是这三种结构中最基本的结构，其特点是程序按语句出现的先后次序执行。本章将介绍顺序结构程序设计的基本概念及常用语句。

3.1　赋值语句

赋值语句是程序设计中最基本、最常用的语句，用于给变量赋值或设置对象的属性，其语法格式如下：

　　　[Let]变量名=表达式

功能：计算赋值号"="右边表达式的值，然后把值赋给左边的变量。Let 表示赋值，通常省略。

例如：

sum=99	'把数值 99 赋值给变量 sum
y=5*a^4+3*a+5	'已知 a，计算表达式，将结果赋值给变量 y
str1="VB 程序"	'把字符串赋值给字符串变量 str1
Text1.Text=str1 & "设计"	'计算字符串表达式的值，将值赋给控件 Text1 的 Text 属性

说明：

（1）表达式中的变量必须是赋过值的，否则变量的初值会自动取零值（字符串变量取空字符）。例如：

　　　a=1
　　　c=a+b+3　　　　　　　　　　　'b 未赋过值，为 0

执行后，c 值为 4。

（2）赋值语句跟数学中等式具有不同的含义。例如，以下两个赋值语句：

　　　x=2
　　　x=x+1

第 1 个语句指将数值 2 赋值给变量 x。第 2 个语句指把变量 x 的当前值加上 1 后，再将结果赋值给变量 x，因为 x 的当前值为 2，则执行这个语句后，x 的值为 3。而数学中 $x=x+1$ 是不成立的。

由此可见，变量出现在赋值号的右边和左边，其用途是不同的。出现在表达式右边时，变量是参与运算的元素（其值被读出）；出现在表达式左边时，变量有存放表达式值的作用（被赋值）。

（3）在一般情况下，要求表达式的结果类型与变量的类型保持一致。在某些情况下，系统会按一定规则自动对表达式的结果类型进行转换。例如：

　　　Dim a As Integer, b As Integer, c As Integer, s As String
　　　a=1.5　　　　　　　　　　　'转换 1.5 为整型数据 2（四舍五入），再赋值给 a
　　　b="ABC"　　　　　　　　　　'出错

```
c="123"                          '将数字字符串转换为数值，再赋值
s=456                            '转换为字符串"456"，再赋值
```

【例3.1】 输入一个两位数，交换该两位数的个位数和十位数的位置，把处理后的数显示出来。如给定数是36，处理结果为63。

（1）分析：处理的关键是从两位数 x 中分离出十位数字和个位数字。十位数字 a 可采用表达式 Int(x/10)或 x\10 求出，个位数字 b 可采用表达式 x Mod 10 或 x – 10*a 求出。

（2）在窗体上创建一个标签、两个文本框和一个命令按钮，如图3.1所示。

（3）编写命令按钮 Command1 的 Click 事件过程，代码如下：

```
Private Sub Command1_Click()      '显示结果
        Dim x As Integer, a As Integer
        Dim b As Integer, c As Integer
        x=Val(Text1.Text)                '输入两位数
        a=Int(x / 10)                    '求十位数
        b=x Mod 10                       '求个位数
        c=b * 10+a                       '生成新的两位数
        Text2.Text=c                     '显示处理后的新两位数
End Sub
```

运行程序后，在文本框 Text1 中输入数字47，单击"显示结果"按钮，输出结果如图3.2所示。

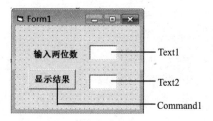

图3.1　设计界面　　　　　　　　　　　图3.2　输出结果

上述 Command1_Click 事件过程采用的是顺序程序结构，运行时从上到下顺序执行语句，共使用了5个赋值语句。

【例3.2】 设计程序，实现两个文本框内容的交换。

分析：交换两个文本框的内容，以及交换两个变量的值，都必须借助于另一个变量（假设为t）。先将第一个文本框的内容暂存于 t 中，再将第二个文本框的内容存入第一个文本框，最后将 t 值存入第二个文本框。

（1）在窗体上创建两个标签、两个文本框和一个命令按钮，如图3.3所示。

两个标签分别显示"第一个文本框"和"第二个文本框"，命令按钮 Command1 的 Caption 属性设置为"交换"，两个文本框 Text1 和 Text2 用于存放要交换的内容，其 Text 属性均设置为空。

（2）编写代码：

```
Private Sub Command1_Click()      '交换
        Dim t As String
        t=Text1.Text
        Text1.Text=Text2.Text
        Text2.Text=t
End Sub
```

程序运行后，在 Text1 中输入 12345，在 Text2 中输入 ABCDE，单击"交换"按钮，运行结果见图 3.3。

图 3.3　运行结果

3.2　注释、结束与暂停语句

1．注释语句（Rem）

为了提高程序的可读性，应在程序的适当位置加上必要的注释。

语法格式：Rem 注释内容　　　或　　　'注释内容

功能：在程序中加入注释内容，以便于对程序的理解。'（单撇号）称为注释符。例如：

　　　Rem 交换变量 a 和 b 的值

　　　c=a　　　　　　　　'借助于第三个变量 c，用于记录 a 中原有的值

　　　a=b

　　　b=c

说明：

（1）注释语句是非执行语句，仅起注释作用，它不被解释和编译。

（2）如果使用关键字 Rem，则在 Rem 和注释内容之间要加一个空格。

（3）在其他语句后使用 Rem 关键字，必须使用冒号（:）与前面的语句隔开。注释符可以直接写在其他语句后面。

2．结束语句（End）

语法格式：End

功能：结束程序的运行。

End 语句能够强行终止程序的执行，清除所有变量，并关闭所有数据文件。在程序运行中，用户也可以单击工具栏中的"结束"按钮来强行结束程序的运行。

3．暂停语句（Stop）

在调试程序中，有时希望程序运行到某个语句后暂停，以便让用户检查运行中的某些动态信息。暂停语句就是用来完成这个功能的。

语法格式：Stop

功能：暂停程序的运行。

Stop 语句可以在程序中设置断点。与 End 语句不同的是，在解释方式下，Stop 不会关闭任何文件和清除变量。

说明：

（1）暂停程序的运行，也可以通过单击工具栏中的"中断"按钮来实现。

（2）如果在可执行文件（.exe）中含有 Stop 语句，则执行该语句会关闭所有的文件而退出程序。因此，当程序调试结束时，生成可执行文件之前，应删除程序中的所有 Stop 语句。

（3）有时程序运行过程中会进入"死锁"或"死循环"（由程序错误引起），而无法用正常操作"中断"和"结束"，可按 Ctrl+Break 组合键来强制性地暂停程序的运行。

3.3 数据的输入与输出

一个完整的程序通常含有数据的输入与输出操作。常用的输入方式有 TextBox 控件、InputBox 函数、MsgBox 函数等。常用的输出方式有 TextBox 控件和 Label 控件、Print 方法、MsgBox 函数等。

3.3.1 使用 Print 方法输出数据

1．Print 方法

Print 方法用于在窗体、图片框和打印机上显示或打印输出文本。

语法格式：[对象名.] Print [表达式列表]

说明：

（1）对象名可以是窗体（Form）、图片框（PictureBox）或打印机（Printer）的名称。如果省略对象名，则在当前窗体上直接输出。例如：

```
Print "程序设计"              '在当前窗体上输出
Picture1.Print "程序设计"     '在图片框上输出
```

（2）当输出多个表达式时，各表达式之间用分号"；"或逗号"，"隔开。使用分号分隔符，则按紧凑格式输出，即后一项紧跟前一项输出；使用逗号分隔符，则各输出项按区段格式输出，此时系统会以 14 个字符宽度为单位将输出行分为若干个区段（划分区段的数目，与行宽有关），逗号后的表达式将在当前输出位置的下一个区段输出。

【例 3.3】 Print 输出示例。

```
Private Sub Form_Click()
    a=3: b=4
    Print a, b, 4+a,
    Print 2 * b
    Print a, , b
    Print
    Print "a="; a, "b="; b
End Sub
```

运行结果如图 3.4 所示。

（3）用 Print 输出字符串时，前后不留空格；输出数值数据时，前面有一个符号位（正号以空格表示），后面留有一个空格。

（4）如果 Print 后面没有输出内容（见例 3.3 代码的第 6 行），则输出一个空行。

（5）若语句行末尾没有分隔符，则输出当前输出项后自动换行。若以分号或逗号结束，则输出当前输出项后不换行，下一个 Print 输出的内容将紧凑输出（以分号结尾）或输出在下一个区段上（以逗号结尾）。

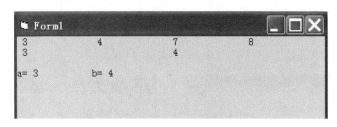

图 3.4 运行结果

在例 3.3 中，第 3 行语句"Print a,b,4+a,"以逗号结束，表示下一个 Print 输出的 8 显示在下一个区段上。

2．特殊打印格式

VB 提供了几个与 Print 配合的函数，以控制文本的输出格式。

（1）Spc 函数

函数格式：Spc(n)

功能：在输出下一项之前插入 n 个空格。例如：

  Print "学号";Spc(2);"姓名";Spc(5);"成绩"

输出结果是（□表示空格）：

  学号□□姓名□□□□□成绩

（2）Tab 函数

函数格式：Tab(n)

功能：把输出位置移到第 n 列。

通常，最左边列号为 1。当 n 大于行的宽度时，输出位置为 n Mod 行宽。例如：

  Print Tab(2);"学号";Tab(11);"姓名";Tab(21);"成绩"

输出结果是（一个汉字占两个位置，□表示空格）：

  □学号□□□□□姓名□□□□□□成绩

3.3.2　InputBox 函数

InputBox 函数的作用是产生一个输入对话框（简称输入框），用户可以在该对话框中输入一个数据，单击"确定"按钮或按回车键后，输入的数据将作为函数值返回。返回值为字符串类型。

InputBox 函数的语法格式如下：

  变量=InputBox(提示[,标题][,默认值][,xpos][,ypos])

其中：

（1）"提示"用于指定在输入框中显示的文本。如果要使"提示"文本换行显示，可在换行处插入回车符 Chr(13)、换行符 Chr(10)或系统符号常量 vbcrLf，使显示的文本换行。

（2）"标题"用于指定输入框的标题。

（3）"默认值"用于指定输入框的文本框中显示的默认文本。

（4）xpos 和 ypos 分别指定了输入框的左边和上边，与屏幕左边和上边的距离。

如下列语句：

  fname=InputBox("请输入文件名(不超过 8 个字符)", "文件名", "vbfile")

将产生一个如图 3.5 所示的输入框。当用户在输入框中输入文本后单击"确定"按钮，输入的文本将返回给变量 fname。若用户单击"取消"按钮，则返回的将是一个空字符串。

如果把上述语句改为：

　　fname=InputBox("请输入文件名" & Chr(13) & "(不超过 8 个字符)", "文件名", "vbfile")

则把"提示"内容分为"请输入文件名"和"(不超过 8 个字符)"两行显示，如图 3.6 所示。

 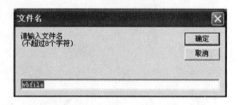

图 3.5　输入框　　　　　　　　　　图 3.6　"提示"内容分行显示

【例 3.4】　编写程序，通过 InputBox 函数输入一个圆半径，计算圆面积。

如图 3.7 所示，在窗体上添加一个标签 Label1 和一个命令按钮 Command1，标签用于显示计算结果。将标签的 AutoSize 属性设置为 True。

编写按钮 Command1 的 Click 事件过程，代码如下：

```
Private Sub Command1_Click()        '计算
    Dim r As Single, m As Single, s As String
    r=Val(InputBox("输入半径"))
    m=3.14159 * r ^ 2
    s="输入的圆半径为:" & r & vbCrLf
    s=s & "求出的圆面积为:" & m
    Label1.Caption=s
End Sub
```

运行时单击"计算"按钮，弹出一个如图 3.8 所示的输入框。当用户在输入框中输入 12 并单击"确定"按钮或按回车键后，输入的字符串将传递给程序。最后在标签上显示出计算结果，如图 3.9 所示。

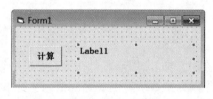 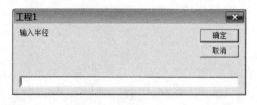

图 3.7　设计界面　　　　　　　　　　图 3.8　弹出的输入框

图 3.9　运行界面

说明：① InputBox 函数值是一个字符串，因此代码中通过 Val 函数将其转换为数值；② 标签可以显示多行信息，只需将标签的 AutoSize 属性设置为 True，在换行处插入换行控制符（本例采用 vbCrLf）。

3.3.3 MsgBox 函数

使用 MsgBox 函数，可以产生一个消息对话框（简称消息框），在对话框中显示消息内容，如图 3.10 所示，等待用户选择一个按钮，并返回一个数值以确定用户选择了哪个按钮，其语法格式为：

变量=MsgBox(提示[,按钮值][,标题])

图 3.10 消息框示例

其中：

（1）"提示"用于指定在消息框中显示的文本，来提示用户操作。在"提示"文本中使用回车符 Chr(13)、换行符 Chr(10)或系统符号常量 vbcrLf，可以使显示的文本换行。

（2）"标题"用于指定消息框的标题。

（3）"按钮值"用于指定消息框中出现的按钮和图标，该值包含了 3 种参数，其取值和含义如表 3.1 至表 3.3 所示。

表 3.1 参数 1——出现按钮

值	符 号 常 量	显示的按钮
0	vbOKOnly	"确定"按钮
1	vbOKCancel	"确定"和"取消"按钮
2	vbAbortRetryIgnore	"终止"、"重试"和"忽略"按钮
3	vbYesNoCancel	"是"、"否"和"取消"按钮
4	vbYesNo	"是"和"否"按钮
5	vbRetryCancel	"重试"和"取消"按钮

表 3.2 参数 2——图标类型

值	符 号 常 量	显示的图标
16	vbCritical	停止（×）图标
32	vbQuestion	问号（?）图标
48	vbExclamation	感叹号（!）图标
64	vbInformation	消息（i）图标

表 3.3 参数 3——默认按钮

值	符 号 常 量	默认的活动按钮
0	vbDefaultButton1	第一个按钮
256	vbDefaultButton2	第二个按钮
512	vbDefaultButton3	第三个按钮

这 3 种参数值决定了消息框的模式。可以把这些参数值（每组值只取一个）相加以生成一个组合的按钮值。例如：

　　　　y=MsgBox("输入的文件名是否正确", 52, "请确认")

显示的消息框见图 3.10，其中 52=4+48+0 表示显示两种按钮（"是"和"否"）、采用感叹号（!）图标和指定第一个按钮为默认的活动按钮。

（4）MsgBox 返回值指明用户在消息框中选择了哪一个按钮，如表 3.4 所示。

表 3.4　函数返回值

返 回 值	符 号 常 量	所对应的按钮
1	vbOK	"确定"按钮
2	vbCancel	"取消"按钮
3	vbAbort	"终止"按钮
4	vbRetry	"重试"按钮
5	vbIgnore	"忽略"按钮
6	vbYes	"是"按钮
7	vbNo	"否"按钮

（5）"按钮值"可以是数值，也可以是符号常量，例如：

　　　x=vbYesNoCancel+vbQuestion+vbDefaultButtonl

　　　y=MsgBox("输入的文件名是否正确", x, "请确认")

（6）如果省略了某个选项，则必须加入相应的逗号分隔符，例如：

　　　y=MsgBox("输入的文件名是否正确", ,"请确认")

（7）若不需要返回值，则可以使用 MsgBox 的语句格式，例如：

　　　MsgBox 提示[, 按钮值] [,标题]

【例 3.5】　使用输入框输入姓名，然后在消息框中显示出来。

通过窗体的 Click 事件过程来实现上述要求，代码如下：

```
Private Sub Form_Click()
    x=InputBox("输入您的姓名", "您叫什么名?")
    MsgBox x & "先生:祝您马到功成! "
End Sub
```

运行时单击窗体，弹出一个如图 3.11 所示的输入框，当用户在输入框中输入姓名（如"张三"）及单击"确定"按钮时，输入的内容将赋值给变量 x，接着执行函数 MsgBox，显示结果如图 3.12 所示。

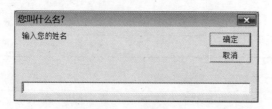

图 3.11　弹出的输入框

图 3.12　输出的消息框

3.4 窗体

窗体（Form）是 VB 应用程序的基本组成部分，也是设计 VB 应用程序的基本平台。窗体本身是一个对象，它有自己的属性、事件和方法，以便控制窗体的外观和行为。窗体又是所有控件的容器对象，几乎所有的控件都设置在窗体上。

容器对象是指能够容纳或包含其他对象的对象。除窗体之外，在 VB 标准控件中，框架（Frame）和图片框（PictureBox）也是容器对象，称为容器控件，在其中可以容纳其他控件。

程序运行时，每个窗体对应于程序的一个窗口。对于一个简单程序，一个窗体已经足够了，但对于一个复杂的程序，也许需要几个、十几个甚至几十个窗体。

3.4.1 窗体的基本属性

窗体属性决定着窗体的特征（如外观等）。新建工程时，VB 系统会自动创建一个空白窗体，并为该窗体设置默认属性。

以下介绍一些常用的窗体属性。

（1）Name（名称）：指定窗体的名称。在工程中首次创建窗体时默认为 Form1，添加第二个窗体时，其名称默认为 Form2，其余类推。用户可在属性窗口的"名称"栏中设置窗体名，但在程序运行时，它是只读的，即不能在程序中修改。引用窗体的 Name 属性的语法格式为：

　　　窗体名.Name　　　　　'如 Form1.Name

（2）Caption（标题）：指定窗体的标题。窗体使用的默认标题为 Form1,Form2,…。

（3）AutoRedraw（自动重画）：控制屏幕图像的重建。若该属性设置为 True（默认值），当一个窗体被其他窗体覆盖、又返回到该窗体时，VB 将自动刷新或重画该窗体上的所有图形；若该属性设置为 False，则必须通过事件过程来设置这个操作。

（4）BackColor（背景颜色）和 ForeColor（前景颜色）：指定窗体的背景颜色和前景颜色。关于 VB 使用的颜色代码见附录 B。

（5）BorderStyle（边框类型）：指定窗体边框的类型，共有 6 种属性，如 0-None（无边框），1-Fixed Single（窗体大小不变且具有单线边框）等。该属性只能在设计阶段设置。

（6）ControlBox（控制框）：指定是否在窗体左上角出现控制菜单框（控制菜单按钮）。默认值为 True。

（7）Enabled（允许）：决定是否响应用户事件。默认值为 True，表示响应用户事件。

（8）FontName、FontSize 等：属性说明如下。

① FontName：字体名称。

② FontSize：字体大小（字号）。

③ FontBold：是否粗体，设置值为 True 或 False。

④ FontItalic：是否斜体，设置值为 True 或 False。

⑤ FontStrikethru：是否删除线，设置值为 True 或 False。

⑥ FontUnderline：是否下画线，设置值为 True 或 False。

⑦ FontTransParent：确定显示的信息是否与背景重叠，当属性值为 True（默认值）时，表示保留背景，使前景的文本或图形与背景重叠显示；当设置属性值为 False 时，背景将被前景的文本或图形覆盖。

（9）Font（字体）：该属性本身是一个对象（对象属性），用于确定窗体上字体的样式、大小、字体效果等。设置该属性时，先选定窗体，在属性窗口中选择 Font 属性，再单击右列中的"…"

按钮，弹出一个"字体"对话框，如图 3.13 所示，从中选择即可。

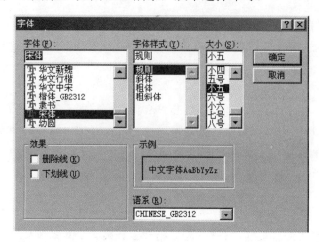

图 3.13 "字体"对话框

在代码中，可以使用以下格式引用该对象的属性：

　　　Font.属性名

这里的"属性名"采用类似第（8）项的属性名，例如，Font.Name 表示文本的字体，Font.Size 表示文本的大小（字号）。

（10）Height（高）、Width（宽）、Top（顶边位置）和 Left（左边位置）：Height 和 Width 属性决定窗体的高度和宽度，包括边框和标题栏；Top 和 Left 属性决定窗体顶边和左边的坐标值，Top 表示窗体到屏幕顶部的距离，Left 表示窗体到屏幕左边的距离。

在 VB 使用的坐标系统中，默认的坐标原点（0,0）在窗体的左上角。坐标系统的每个轴都有刻度，其默认单位为缇（Twip，567 缇为 1 厘米，1440 缇为 1 英寸）。所有控件的移动、调整大小和图形绘制语句，一般都使用缇为单位。

VB 提供了位置属性 CurrentX 和 CurrentY，分别表示窗体当前位置的横坐标和纵坐标。

（11）Icon（图标）：指定在窗体最小化时显示的图形。

（12）MaxButton（最大化按钮）、MinButton（最小化按钮）：指定是否显示窗体右上角的最大化按钮、最小化按钮。

（13）Picture（图形）：用于在窗体上设置要显示的图形。在属性窗口中单击该属性右列中的"…"按钮，弹出一个"加载图片"对话框，可以从中选择一个合适的图形文件，也可以在应用程序中使用以下语句进行设置：

　　　[对象.]Picture=LoadPicture("文件名")

其中，LoadPicture 是一个装载图片函数。

（14）Visible（可见性）：设置对象的可见性，默认值为 True。若设置为 False，则窗体及其上面的对象都将被隐藏。

（15）WindowState（窗口状态）：设置窗体运行时的显示状态。有三种属性值：0（默认）——正常状态；1——最小化状态；2——最大化状态。

3.4.2 窗体的事件

窗体作为对象，能够对事件做出响应。窗体事件过程的一般格式为：

Private Sub Form_事件名([参数表])

    …

End Sub

注意，在事件过程名中的窗体名只能使用 Form（如 Form_Load），但在过程内对窗体进行引用时必须用到窗体名字（如 Form1.Caption）。

与窗体有关的常用事件有以下几种。

（1）Load（加载）事件：加载窗体时触发 Load 事件，如果 Form_Load 事件过程存在，便立即执行它。

启动应用程序时，系统自动加载和显示"启动窗体"（单个窗体通常就是启动窗体），在此期间会先后触发 Load、Activate 等事件，并在"启动窗体"显示之前触发 Load 事件。对于未被加载的窗体，如果使用 Load 语句（见 7.5.1 节）调用该窗体，或者在其他窗体中引用该窗体的控件，都会触发 Load 事件。

通常，窗体的 Load 事件过程是应用程序中第一个被执行的过程，常用来进行初始化处理。但要注意，Form_Load 事件过程是在窗体显示之前被执行的，因此，在该过程中执行的 Print 及绘图等方法将不起作用（在窗体上看不到这些方法所输出的内容）。要使 Print 及绘图方法输出的内容可见，可以先调用 Show 方法（见 3.4.3 节）。

（2）Unload（卸载）事件：当卸载窗体时触发 Unload 事件。单击窗体上的"关闭"按钮也会触发该事件。利用 Unload 事件可在关闭窗体或结束应用程序时做一些必要的善后处理工作。

（3）Activate（活动）、Deactivate（非活动）事件：当窗体变为活动窗体时，触发 Activate 事件；当窗体不再是活动窗体时，触发 Deactivate 事件。通过操作可以把窗体变为活动窗体，例如，单击窗体或在程序中执行 Show 方法等。

（4）Paint（绘画）事件：该事件被触发的前提是，窗体的 AutoRedraw 属性被设置为 False。当首次显示窗体，窗体被移动或改变大小，或者窗体被其他窗体覆盖时，将触发 Paint 事件。

（5）Click（单击）事件：当用户用鼠标单击窗体时触发该事件。当单击窗体内的某个位置时，VB 将调用窗体事件过程 Form_Click。如果用户单击的是窗体内的控件，则调用的是相应控件的 Click 事件过程。

（6）DblClick（双击）事件：当用户用鼠标双击窗体时触发该事件。这个操作过程还将伴随发生 MouseDown、MouseUp 和 Click 事件。

（7）KeyPress（按键）事件：当按下键盘上的某个键时，将触发 KeyPress 事件，其事件过程的格式为：

    Private Sub 对象_KeyPress(KeyAscii As Integer)

    …

    End Sub

其中，参数 KeyAscii 返回所按键的 ASCII 码值。例如，输入"A"时，KeyAscii 的值为 65；输入"a"时，则 KeyAscii 的值为 97，等等。KeyPress 还能识别 Enter（回车）、Tab 和 BackSpace 这三种控制键。对于其他控制键，则不做响应。

KeyPress 事件也可用于其他可接收键盘输入的控件（如文本框等）。

3.4.3 窗体的方法

（1）Show（显示）方法：用于快速显示一个窗体，使该窗体变成活动窗体。执行 Show 方法时，如果窗体已加载，则直接显示窗体；否则先执行加载窗体操作，再显示。例如：

```
Private Sub Form_Load()
    Show
    Print"窗体已被 Show 显示出来!"
End Sub
```

运行此过程，窗体会立即出现且显示"窗体已被 Show 显示出来!"的信息。

（2）Print（打印）方法：用于在窗体上输出数据。

（3）Cls（清除）方法：用于清除运行时在窗体上显示的文本或图形。但 Cls 并不能清除在设计阶段设置的文本和图形。

（4）Move（移动）方法：用于移动并改变窗体或控件的位置和大小，其格式为：

[对象.]Move Left[,Top[,Width[,Height]]]

其中，Left 参数和 Top 参数表示将要移动对象的目标位置的横坐标和纵坐标。Width 参数和 Height 参数表示移动到目标位置后，对象的宽度和高度，可以改变对象的大小。

3.4.4 焦点与 Tab 键序

1．焦点

一个应用程序可以有多个窗体，每个窗体上又可以有很多对象，但用户只能操作一个对象。即称当前被操作的对象获得了焦点（Focus）。焦点是对象接收鼠标或键盘输入的能力。当对象具有焦点时，才能接收用户的输入。

例如，程序运行时，如果用鼠标单击（选定）文本框，光标就会在文本框内闪烁，即称该文本框得到了焦点。此时用户可以向文本框输入信息。

窗体和大多数控件都可以接收焦点，但焦点在任何时候只能有一个。改变焦点将触发焦点事件。当对象得到或失去焦点时，分别产生 GotFocus 事件或 LostFocus 事件。

要将焦点赋给对象（窗体或控件），有以下 4 种方法：

（1）用鼠标选定对象。

（2）按快捷键选定对象。

（3）按 Tab 键或 Shift+Tab 组合键在当前窗体的各对象之间切换焦点。

（4）在代码中用 SetFocus 方法来设置焦点。例如：

Text1.SetFocus   '把焦点设置在文本框 Text1 上

但要注意，只有当对象的 Enabled 属性和 Visible 属性为 True 时，它才能接收焦点。Enabled 属性允许对象响应由用户触发的事件，如键盘和鼠标事件，而 Visible 属性决定了对象在屏幕上是否可见。

2．Tab 键序

Tab 键序是指用户按 Tab 键时，焦点在控件间移动的顺序。当向窗体中设置控件时，系统会自动按顺序为每个控件指定一个 Tab 键序。Tab 键序也反映在控件的 TabIndex 属性中，其属性值为 0,1,2,…。通过改变控件的 TabIndex 属性值，可以改变默认的焦点移动顺序。

【例 3.6】 显示唐诗《静夜思》，要求设置如下三个命令按钮。

"显示"按钮：用于显示唐诗《静夜思》。

"清除"按钮：用于清除所生成的文本。

"结束"按钮：结束程序的运行。

设计步骤如下：

（1）在窗体上创建三个按钮 Command1、Command2 和 Command3，其 Caption 属性分别为"显示"、"清除"和"结束"，如图 3.14 所示。

（2）编写三个按钮的单击事件过程，代码如下：

```
Private Sub Command1_Click()          '显示
    BackColor=RGB(255, 255, 255)       '背景色（白色），RGB 函数的使用见附录 B
    ForeColor=RGB(0, 0, 255)           '前景色（蓝色）
    FontName="楷体_GB2312"             '字体名
    FontSize=20                        '字号
    FontBold=True                      '粗体
    CurrentX=1200                      '横坐标
    CurrentY=350                       '纵坐标
    Print "静夜思(唐诗)"
    Print
    FontName="幼圆"
    FontSize=13
    Print Spc(6); "床前明月光，疑是地上霜。"
    Print
    Print Spc(6); "举头望明月，低头思故乡。"
End Sub
Private Sub Command2_Click()          '清除
    Cls                                '清除窗体上的文本
End Sub
Private Sub Command3_Click()          '结束
    End
End Sub
```

程序运行后单击"显示"按钮，输出结果如图 3.15 所示。

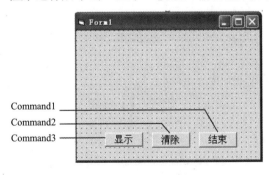

图 3.14　设计界面

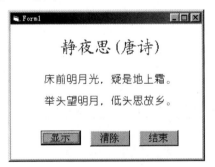

图 3.15　运行界面

3.5　基本控件

窗体为应用程序提供了一个窗口，但是仅有窗体是不够的，还需要在其中放置各种控件才能实现用户与应用程序之间的信息交互。

本节将介绍控件的公共属性和三种基本控件——命令按钮、标签和文本框。其他常用的控件将在以后各章中陆续介绍。

3.5.1　控件的公共属性

下面介绍控件所共有的常用属性。在以后介绍具体控件时，将不再重复介绍这些属性。

（1）Name 属性：用于定义控件对象的名称。每当新建一个控件时，VB 会给该控件指定一个默认名，如 Command1,Command2,…或 Text1,Text2,…。控件的 Name 属性必须以字母开头，其后可以是字母、数字和下画线。名称长度不能超过 40 个字符。

用户可在属性窗口中通过 Name 属性设置控件的名称。但在程序运行时，Name 属性是只读的，即不能在程序中修改。

（2）Caption 属性：用于确定控件的标题。对于命令按钮、标签等控件，此属性保存的文字内容会出现在控件的上方。Caption 属性是说明性的文字，可以是任意的字符串。

当创建一个控件时，其标题与默认的 Name 属性相同，如 Command1、Label1 等。通过程序可以改变其值，例如：

    Command1.Caption="结束"

执行该语句将使命令按钮 Command1 的标题更改为"结束"。

可以在 Caption 属性中为控件指定一个访问键。设置方法是：在想要指定为访问键的字符前加一个"&"符号。例如，将命令按钮的 Caption 属性设置为"结束（&E）"，运行时该控件外观如图 3.16 所示，只要用户同时按下 Alt+E 组合键，就能执行该按钮命令。

（3）Enabled 属性：决定控件是否对用户产生的事件做出响应。如果将控件的 Enabled 属性设置为 True（默认值），则控件有效，允许控件对事件做出响应；当设置 Enabled 属性为 False 时，则控件变成浅灰色，不允许使用。

（4）Visible 属性：决定控件是否可见，默认值为 True。当设置 Visible 属性为 False 时，控件不可见。

（5）Height、Width、Top 和 Left 属性：Height 和 Width 的属性用于确定控件的高度和宽度，Top 和 Left 的属性用于确定控件在窗体中的位置。Top 表示控件到窗体顶部的距离，Left 表示控件到窗体左边框的距离。如图 3.17 所示给出了控件的 4 个属性值与窗体的关系。

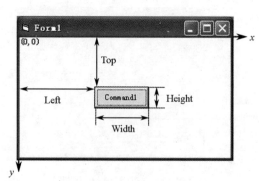

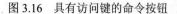

图 3.16　具有访问键的命令按钮　　　　图 3.17　控件的大小及位置

（6）BackColor 属性和 ForeColor 属性：这两个属性用于设置控件的背景色和前景色。

（7）FontName 属性、FontSize 属性、FontBold 属性、FontItalic 属性、FontStrikethru 属性和FontUnderline 属性：与窗体类似。

（8）Font 属性：与窗体类似。

3.5.2 命令按钮

命令按钮（CommandButton，简称按钮）用于接收用户的操作信息，并触发程序的某个操作。当用户用鼠标单击命令按钮，或者选中命令按钮后按回车键，或者按命令按钮的访问键等时，就会触发该命令按钮相应的事件过程。

1. 常用属性

（1）Default 属性和 Cancel 属性：窗体上的命令按钮常会有一个"默认"按钮和一个"取消"按钮。"默认"按钮是指无论当前焦点处于何处，只要用户按下 Enter 键就等价于单击该按钮，则自动执行该命令按钮的 Click 事件过程；"取消"按钮是指只要用户按下 Esc 键，就等价于单击该按钮，则自动执行该命令按钮的 Click 事件过程。

Default 属性和 Cancel 属性分别用于设置"默认"按钮和"取消"按钮，当其值设置为 True 时，表示将对应的命令按钮设置为"默认"按钮或"取消"按钮。

（2）Style 属性：设置命令按钮的外观，默认值为 0 时，表示以标准的 Windows 按钮方式显示；其值为 1 时，表示以图形按钮方式显示，此时可用 Picture、DownPicture 和 DisabledPicture 的属性来分别指定按钮在正常、被按下和不可用三种状态下的图片。

（3）Value 属性：该属性只能在程序运行期间使用。设置为 True 时表示该命令按钮被按下。

2. 常用事件和方法

命令按钮最常用的事件是 Click（单击）事件，但不支持 DblClick（双击）事件。

命令按钮常用的方法是 SetFocus 方法。

3.5.3 标签

标签（Label）主要用来显示比较固定的提示性信息。通常使用标签为文本框、列表框、组合框等控件附加描述性信息，其默认名称为 Label1,Label2,…。

1. 常用属性

（1）Alignment 属性：设置标签中文本的对齐方式，共有三个可选项：0（左对齐，为默认值），1（右对齐）和 2（居中）。

（2）AutoSize 属性：确定标签的大小是否根据标签的内容自动调整。默认值为 False，表示不自动调整大小。

（3）BorderStyle 属性：设置标签的边框，可以取两种值，0 表示无边框（默认值），1 表示加上边框。

（4）BackStyle 属性：设置标签的背景模式，共有两个选项，1 表示标签将覆盖背景（默认值），0 表示标签是"透明"的。

（5）WordWrap 属性：设定标签大小是否根据其内容改变垂直方向的大小，即是否增/减行来适应内容的变动，但保持宽度不变。当属性值为 False（默认值）时，表示不改变标签的垂直方向大小以适应标签内容的变动；当设置为 True 时，表示将改变标签的垂直方向大小以适应标签内容的变动。

为了使 WordWrap 属性起作用，应把 AutoSize 属性设置为 True。

2. 常用事件和方法

标签可触发 Click、DblClick 等事件。

标签支持 Move 方法，用于实现控件的移动。

【例3.7】 编写程序，实现标签的左移及右移。

（1）分析：标签的左、右移动可以通过 Left 属性来实现，如向左移动的语句为：

Label1.Left=Label1.Left – X   'X 为每次移动的距离

（2）在窗体上添加一个标签和两个命令按钮，如图 3.18 所示。

（3）编写以下三个事件过程。

```
Private Sub Form_Load()
    Label1.Caption="欢迎"              '设定标签的标题
    Label1.FontSize=14                '字号
    Label1.FontBold=True              '粗体
    Command1.Caption="左移(&L)"
    Command2.Caption="右移(&R)"
End Sub
Private Sub Command1_Click()          '左移
    Label1.Left=Label1.Left – 80      '向左移 80 点
End Sub
Private Sub Command2_Click()          '右移
    Label1.Left=Label1.Left+80        '向右移 80 点
End Sub
```

程序运行时，单击命令按钮或使用 Alt+L 组合键或 Alt+R 组合键，可以实现标签的左移或右移。运行界面如图 3.19 所示。

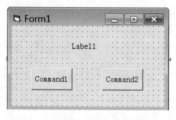

图 3.18　设计界面

图 3.19　运行界面

3.5.4　文本框

文本框（TextBox）是一个文本编辑区域，用户可以在该区域中输入、编辑和显示文本内容。默认情况下，文本框只能输入单行文本，并且最多可以输入 2048 个字符。

1. 常用属性

文本框具有一般控件的常用属性，但文本框没有 Caption 属性。下面介绍它的一些特殊属性。

（1）Maxlength 属性：指定文本框中文本的最大长度，其默认值为0。对于单行显示的文本框，指定最大长度为 2KB；对于多行显示的文本框，指定最大长度为 32KB。若将其设置为正整数值，这个数值就是可容纳的最大字符数。

（2）Multiline 属性：指定文本框中是否允许显示和输入多行文本。当属性值为 False 时，文本框只能输入单行文本；当设置为 True 时，可以使用多行文本。在多行文本框中，当显示和输入的文本超过文本框的右边界时，文本会自动换行。在输入时也可以按 Enter 键强行换行，按 Ctrl+Enter 组合键可以插入一个空行。

（3）PasswordChar 属性：确定在文本框中是否显示用户输入的字符，常用于密码输入。若把该属性设置为某个字符，如星号"*"，以后用户在文本框中输入字符时，则显示的不是输入的字符，而是被设置的字符（如"*"），但在文本框中的实际内容仍是输入的文本，只是显示结果被改变了，因此可用于密码输入。

注意，只有在 Multiline 属性值被设置为 False 的前提下，PasswordChar 属性才能起作用。

（4）ScrollBars 属性：指定在文本框中是否出现滚动条，共有 4 个属性值：为 0（默认值）时，表示不出现滚动条；值为 1 时，表示出现水平滚动条；值为 2 时，表示出现垂直滚动条；值为 3 时，表示同时出现水平滚动条和垂直滚动条。

注意，使文本框出现滚动条的前提是 Multiline 属性值必须设置为 True。

（5）SelStart 属性、SelLength 属性和 SelText 属性：这三个属性用来标识用户选定的文本，它们只在运行阶段有效。SelStart 属性表示选定文本的开始位置，默认值为 0，表示从第一个字符开始；SelLength 属性表示选定文本的长度；SelText 属性表示选定的文本内容。

（6）Text 属性：设置或返回文本框中所包含的文本内容，其默认值为 Text1,Text2,…。

（7）Locked 属性：设置文本框是否可以进行编辑修改。当属性值为 False（默认值）时，表示文本框可以编辑修改；当设置为 True 时，表示文本框只读。

2．常用事件和方法

文本框既支持 Click、DblClick 等鼠标事件，也支持 Change、GotFocus、LostFocus 等事件。

当文本框的 Text 属性内容发生变化时，就会触发文本框的 Change 事件。例如，每当用户在文本框中输入一个字符，就会触发一次 Change 事件。

文本框常用方法有 SetFocus 方法和 Move 方法。

3.6　程序举例

【例 3.8】　电子邮件地址由用户名和主机域名两部分组成。编写程序，从一个邮件地址中分离出用户名和主机域名，如从"zsuhdh2010@163.com"中分离出用户名"zsuhdh2010"和主机域名"163.com"。邮件地址内容由 InputBox 函数输入。

分析：假设通过 InputBox 函数输入的邮件地址为 x，先从 x 中找出字符"@"，再以此字符为界拆分成两个字符串。查找字符"@"可以使用 InStr(x, "@")来实现。

编写的代码如下：

```
Private Sub Form_Click()
    Dim x As String, p As Integer, a As String, b As String
    x=InputBox("输入"邮件地址"的内容")
    p=InStr(x, "@")                          '查找@，得到@的位置
    a=Left(x, p-1)                           '取@左边部分
    b=Mid(x, p+1)                            '取@右边部分，也可用 b=Right(x, Len(x)-p)
    Print "用户名: " & a
    Print "主机域名:" & b
End Sub
```

【例 3.9】 设计程序，在窗体上设置三个命令按钮，如图 3.20 所示。程序进入运行状态后，若单击"窗体变大"命令按钮，则窗体变大；若单击"窗体变小"按钮，则窗体变小；若单击"退出"按钮，则结束程序的运行。

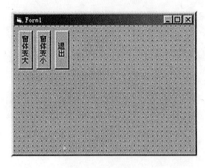

图 3.20　设计界面

（1）分析：通过 Height（高）和 Width（宽）属性可以改变窗体的大小。若在 Height 和 Width 原有值的基础上增加若干个点（如 200 点，以缇为单位），则窗体变大；若减少若干个点（如 200 点），则窗体变小。

（2）在窗体上创建三个命令按钮 Command1、Command2 和 Command3，其 Caption 属性分别为"窗体变大"、"窗体变小"和"退出"，如图 3.20 所示。

（3）编写 4 个事件过程，代码如下：

```
Private Sub Form_Load()
    Form1.Height=4000                    '设置窗体的高度初值
    Form1.Width=4000                     '设置窗体的宽度初值
    Form1.Top=1000                       '设置窗体的初始位置
    Form1.Left=1000
End Sub
Private Sub Command1_Click()             '窗体变大
    Form1.Height=Form1.Height+200        '每次增加 200 点
    Form1.Width=Form1.Width+200
End Sub
Private Sub Command2_Click()             '窗体变小
    Form1.Height=Form1.Height-200        '每次减少 200 点
    Form1.Width=Form1.Width-200
End Sub
Private Sub Command3_Click()             '退出
    End
End Sub
```

【例 3.10】 在窗体上创建三个文本框，如图 3.21 所示。程序运行后，在第一个文本框中输入文字时，在另外两个文本框中显示相同的内容，但显示的字号和字体不同。单击"清除"按钮时，可清除三个文本框中的内容。

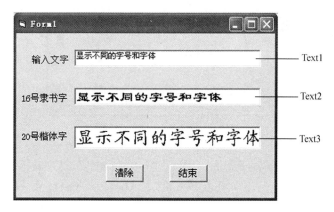

图 3.21 显示不同的文字效果

（1）在窗体上创建三个标签 Label1～Label3，三个文本框 Text1～Text3 和两个命令按钮 Command1～Command2。三个标签及两个命令按钮的 Caption 属性值见图 3.21。三个文本框的 Text 属性均设置为空，文本框 Text1 的 TabIndex 属性设置为 0。

（2）编写 4 个事件过程，代码如下：

```
Private Sub Form_Load()
    Text2.FontName="隶书"
    Text2.FontSize=16
    Text3.FontName="楷体_GB2312"
    Text3.FontSize=20
End Sub
Private Sub Text1_Change()
    Text2.Text=Text1.Text
    Text3.Text=Text1.Text
End Sub
Private Sub Command1_Click()          '清除
    Text1.ext=""                      '清除文本框 Text1 的内容
    Text1.SetFocus                    '设置焦点
End Sub
Private Sub Command2_Click()          '结束
    End
End Sub
```

程序运行时，光标在文本框 Text1 中闪烁，从键盘向该文本框输入的内容，都会触发 Change 事件和执行 Text1_Change 事件过程，并在文本框 Text2 和 Text3 中以不同的字体、字号显示出文本框 Text1 中的内容。

【例 3.11】 设计程序，实现标签的显示和隐藏，以及改变文字的颜色。

设计的步骤如下：

（1）在窗体上创建一个标签（Label1）和三个命令按钮（Command1、Command2 和 Command3），然后设置对象的属性，如图 3.22 所示。

图 3.22 设计界面

三个命令按钮的 Caption 属性设置为"改变文字颜色(&C)"、"隐藏标签(&H)"和"显示标签(&D)",这样在程序运行时就可以使用组合键 Alt+C、Alt+H 和 Alt+D 来分别执行这三个命令。

（2）编写 4 个事件过程,代码如下:

```
Private Sub Form_Load()
    Randomize
    Label1. BackColor=QBColor(15)              '标签背景色
    Label1. ForeColor=QBColor(0)               '标签文字颜色
    Label1. FontSize=18                        '标签字号大小
End Sub
Private Sub Command1_Click()                   '改变文字颜色
    Clr=Int(15 * Rnd)                          '产生随机颜色码
    Label1.ForeColor=QBColor(Clr)
End Sub
Private Sub Command2_Click()                   '隐藏标签
    Label1. Visible=False
End Sub
Private Sub Command3_Click()                   '显示标签
    Label1. Visible=True
End Sub
```

说明:在 Command1_Click 事件过程中,采用随机函数产生颜色代码(只使用 0～14;15 为底色,不用),以便改变标签中的文字颜色,并在 Form_Load 事件过程中采用 Randomize 语句来初始化随机数发生器。

习题 3

一、单选题

1. 语句 s=s+1 的正确含义是（   ）。
   A. 变量 s 的值与 s+1 的值相等   B. 将变量 s 的值存到 s+1 中
   C. 将变量 s 的值加 1 后赋给变量 s   D. 变量 s 的值为 1
2. 下列（   ）是一个合法的赋值语句。
   A. x=2m   B. y="正确答案是:"x
   C. x+y=10   D. x=((x-1)/2-3)/4
3. 假设已使用如下变量声明语句:
   Dim date_1 As Date

则为变量 date_1 正确赋值的语句是（　　　）。

A．date_1=date("1/1/2000")　　　　　　B．date_1=#1/1/2000#

C．date_1=1/1/2000　　　　　　　　　　D．date_1="#1/1/2000#"

4．执行下列程序段，输出结果是（　　　）。

```
a=0 : b=1
a=a+b : b=a+b： Print a;b
a=a+b : b=a+b： Print a;b
a=b-a : b=b-a： Print a;b
```

A.	1	2	B.	3	5	C.	1	2	D.	1	2
	3	4		2	3		3	4		3	5
	3	4		1	2		2	3		2	3

5．语句 Print "Sqr(16)=";Sqr(16)的输出结果为（　　　）。

A．Sqr(16)=Sqr(16)　　B．Sqr(16)=4　　　C．"4="4　　　D．4=Sqr(16)

6．执行下列程序段，在消息框中显示的内容是（　　　）。

```
x="ABC" : y="abc"
m=Lcase(x) : n=Ucase(y)
MsgBox Mid(m+n,3,2)
```

A．Ca　　　　　　　B．cA　　　　　　　C．ccA　　　　　D．ca

7．有以下程序段，运行结果是（　　　）。

```
Const st As String="ABC"
st="123"
st=st+"6"
```

A．正常运行　　　　　　　　　　　B．常量 st 的值为"1236"

C．常量 st 的值为"ABC1236"　　　　D．显示出错信息

8．在程序运行时，系统将自动触发启动窗体的（　　　）事件。

A．Load　　　　　B．Unload　　　　　C．Click　　　　D．KeyPress

9．下列叙述中，错误的是（　　　）。

A．当某个控件的 Enable 属性值为 False 时，则该控件在程序运行时不起作用

B．要在 Form_Load 事件过程中使用 Print 方法在窗体上输出内容，应先调用窗体的 Show 方法

C．标签和文本框能显示文字，并且在运行时都可由用户编辑这些文字

D．命令按钮能响应单击事件，但不能响应双击事件

10．在文本框中输入一个字符时，能同时触发的事件是　(1)　和　(2)　。

(1)(2) A．KeyPress　B．Click　　　　C．Change　　　　D．GotFocus

11．假设 Text1 是某个文本框的名称，下列语句中正确的是（　　　）。

A．Text1.Height=600　　　　　　　B．Text1.Print 123

C．Text1.Caption="新标题"　　　　　D．Text1.Name="文本框"

12．设有语句

```
Label1.Caption=InputBox("输入标题", "新标题", "旧标题")
```

执行后，当弹出输入对话框时，若用户不输入内容就直接按下回车键，则（　　　）。

A．标签 Label1 的标题内容是"新标题"

B．标签 Label1 的标题内容是"旧标题"

C．标签 Label1 的标题内容不能确定

D．标签 Label1 的标题内容为空白

13．假定有如下的命令按钮（名称为 Command1）事件过程：

Private Sub Command1_Click()

    a=InputBox("请输入", "输入数据")

    MsgBox "请确认", , "数据内容:" & a

End Sub

程序运行后，单击命令按钮，如果从键盘上输入数据 21，则以下叙述中错误的是（   ）。

    A．a 的值是数值 21

    B．输入对话框的标题是"输入数据"

    C．消息框的标题是"数据内容:21"

    D．消息框中显示的是"请确认"

14．当在文本框 Text1 中输入"ABC"三个字符时，窗体上显示的是（   ）。

Private Sub Text1_Change()

    Print Text1.Text

End Sub

A. ABC	B. A	C. ABC	D. A
	B	AB	AB
	C	A	ABC

15．在窗体上已经创建了两个文本框 Text1 和 Text2，并编写如下三个事件过程：

Private Sub Form_Click()

    Text2.Text=Text1.Text

    Text1.Text=Text2.Text+"P"

End Sub

Private Sub Text1_Change()

    Text2.Text=Text2.Text+Text1.Text

End Sub

Private Sub Form_Load()

    Text1.Text="M"

    Text2.Text="N"

End Sub

运行程序后单击窗体，则在文本框 Text2 中显示的内容是（   ）。

    A. MP   B. MMP   C. MMPP   D. NMMP

16．下列叙述中，正确的是（   ）。

    A．窗体的 Name 属性用于指定窗体的名称，可标识一个窗体

    B．窗体的 Name 属性值可以为空

    C．窗体的 Name 属性值是显示在窗体标题栏中的文本

    D．可以在运行期间改变窗体的 Name 属性的值

二、填空题

1．执行语句 Print Format(123.5,"$000,#.##")的输出结果是＿＿＿＿。

2．要在标签 Label1 上显示"a*b="，所使用的语句是＿＿＿＿。

3．确定一个控件大小的属性是＿＿＿＿和＿＿＿＿。

4．为了使标签中的标题（Caption）内容居中显示，应将 Alignment 属性设置为＿＿＿＿。

5．要使文本框 Text1 具有焦点，应执行的语句是＿＿＿＿。

6．为了使文本框具有垂直滚动条，应将＿＿＿＿属性设置为 True，再将＿＿＿＿属性设置为＿＿＿＿。

7．在窗体上已创建两个文本框（Text1 和 Text2）和一个命令按钮（Command1），并编写了如下两个事件过程：

Private Sub Command1_Click()

　　Text1.Text=Val(Text1.Text)+Val(Text2.Text)

　　Text2.Text=Val(Text1.Text+Text2.Text)

End Sub

Private Sub Form_Load()

　　Text1.Text="1"

　　Text2.Text=InputBox("输入一个数字字符串")

End Sub

程序运行时弹出一个输入对话框，如果在对话框中输入"23"后按回车键，然后单击命令按钮，则在两个文本框 Text1 和 Text2 中显示的内容分别为＿＿（1）＿＿和＿＿（2）＿＿。

上机练习3

1．由用户输入一个三位数，求出该数的倒序数，如输入的数为 123，则倒序数为 321。某学生编程如下：

Private Sub Form_Load()

　　Dim x As Integer, y As Integer

　　Dim a As Integer, b As Integer, c As Integer

　　x=Val(InputBox("请输入一个三位数"))

　　a=Int(x / 100)　　　　　　　　'求百位数

　　b=Int(x / 10) － a * 10　　　　'求十位数

　　c=x Mod 10　　　　　　　　'求个位数

　　Print x; "的倒序数为:"; y　　　'显示倒序数

　　y=c * 100+b * 10+a　　　　　'生成倒序数

End Sub

该程序有错需要修改，请从下面修改方法中选择一个或多个正确选项，并对修改后的程序上机验证。

A．把事件过程名 Form_Load 改为 Form_Click

B．把求十位数的表达式改为 b=Int(x/10)－x*10

C．把最后两个语句 Print…与 y=…的位置互换

D．把生成倒序数的表达式改为 y=a*100+b*10+c

2．设计程序，从文本框中输入一个正整数 *n*（*n*<500），单击"处理"按钮时产生三个 1～*n* 之间的随机整数，并分别显示在三个标签中。

3．在窗体上设置一个命令按钮和一个标签，两个控件的 Visible 属性值均为 False，按钮的标题是"显示"。运行程序后，单击窗体时显示命令按钮，再单击命令按钮时则显示标签，并在标签上显示"您已下达显示命令"。

4．设计程序，从键盘输入字符时，在窗体上立即显示所输入的字符和该字符的 ASCII 码值，如图 3.23 所示。双击窗体时，清除窗体上显示的内容。完善下列代码。

图 3.23　显示输入字符及其 ASCII 码值

Private Sub Form_KeyPress(KeyAscii As Integer)

　　Print "输入字符:";＿＿(1)＿＿,"ASCII 码值为:";＿＿(2)＿＿

End Sub

Private Sub Form_DblClick()

　　＿＿(3)＿＿

End Sub

5．要显示如图 3.24 至图 3.26 所示的消息框，请写出相应的实现语句。

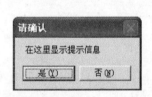  

图 3.24　要显示的第一个消息框　　图 3.25　要显示的第二个消息框　　图 3.26　要显示的第三个消息框

说明：把几个语句写在 Form_Load 事件过程中。

6．计算机总评成绩由两部分组成：笔试成绩和上机考试成绩。编写程序实现以下功能，运行时单击窗体，分别用 InputBox 函数输入笔试成绩和上机考试成绩（均为百分制成绩），计算总评成绩，并将结果显示在消息框中。

计算公式：总评成绩=笔试成绩×0.6+上机考试成绩×0.4（结果四舍五入取整数）

输出结果的格式：总评 xx（笔试 xx,机试 xx）

7．已知一个字符串中含有两个星号（*）及其他字符，要求将夹在这两个星号之间的子字符串抽取出来，例如，输入的字符串是"A*123*B"，处理结果为"123"。按照如图 3.27 所示的界面进行设计。

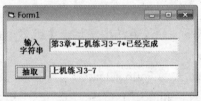

图 3.27　第 7 题的运行界面

第4章　选择结构程序设计

用顺序结构编写的程序比较简单，只能实现一些简单的处理。在实际应用中，有许多问题需要判断某些条件，根据判断的结果来控制程序的流程。使用选择结构的程序，可以实现这样的处理。

VB 中实现选择结构的语句主要有：If 条件语句和 Select Case 选择语句。

4.1　条件表达式

使用选择结构语句时，要用条件表达式来描述条件。条件表达式可以分为两类：关系表达式和逻辑表达式。条件表达式的取值为逻辑值（也称布尔值）：True（真）和 False（假）。

4.1.1　关系表达式

关系表达式（也称为关系式）是用比较运算符把两个表达式（如算术表达式）连接起来的式子。表 4.1 中列出了 VB 中的比较运算符及关系表达式示例。

表 4.1　比较运算符及关系表达式示例

运　算　符	含　　义	关系表达式示例	结　　果
<	小于	3<8	True
<=	小于或等于	"2"<="4"	True
>	大于	6>8	False
>=	大于或等于	7>=9	False
=	等于	"ac"="a"	False
<>	不等于	3<>6	True
Like	比较样式	"abc" Like "?bc"	True
Is	比较对象的引用变量		

说明：

（1）所有比较运算符的优先级都相同，运算时按其出现的顺序从左到右执行。

（2）比较运算符两侧可以是算术表达式、字符串表达式或日期表达式，也可以是作为表达式特例的常量、变量或函数，但两侧的数据类型必须一致。

（3）字符型数据按其 ASCII 码值进行比较。比较两个字符串时，先比较两个字符串的第一个字符，其中字符大的字符串大。如果第一个字符相同，则取第二个字符比较，以决定它们的大小，其余类推。

例如：

"A" 小于 "B"

"ABC" 小于 "B"

"123" 小于 "2"

"ABC" 大于 "AB2"

"ABC" 大于 "AB"

（4）Like 用于判断一个字符串是否属于某种样式（内有通配符），如"abc" Like "a*"和"ab"Like

"a?"值为 True，而"bcd" Like "a*"值为 False。Is 用来比较两个对象的引用变量，主要用于对象操作。

4.1.2 逻辑表达式

逻辑表达式是用逻辑运算符把关系表达式或逻辑值连接起来的式子。例如，数学公式 $1≤x<3$ 可以表示为逻辑表达式 1<=x And x<3。

VB 中常用的逻辑运算符有 And（与）、Or（或）、Not（非）、Xor（异或）等 4 种，如表 4.2 所示。

表 4.2　逻辑运算真值表

A	B	A And B	A Or B	Not A	A Xor B
True	True	True	True	False	False
True	False	False	True	False	True
False	True	False	True	True	True
False	False	False	False	True	False

从表 4.2 中可以看出，经过 Not 运算后，原为 True 的变为 False，而原为 False 的则变为 True；两个量均为 True，经过 And 运算后得到 True，否则为 False；两个量中只要有一个为 True，经过 Or 运算后就会得到 True；两个量同时为 True 或同时为 False，则 Xor 运算结果为 False，否则为 True。

以下是逻辑表达式的示例：

    Not(1<3)   '1<3 的值为 True，再取反，结果为 False
    5>=5 And 4<5+1   '两个关系表达式的值为 True，结果为 True
    "3"<="3" Or 5>2   '结果为 True

说明：

（1）逻辑表达式的运算顺序是：先进行算术运算或字符串运算，再做比较运算，最后进行逻辑运算。括号优先，同级运算从左到右执行。

（2）有时一个逻辑表达式里还包含多个逻辑运算符，例如：

    3<>2 And Not 4<6 Or "12"="123"

运算时，按 Not→And→Or→Xor 的优先级执行。上述逻辑表达式中，先进行 Not 运算，则有 True And False Or False；And 运算后进行 Or 运算，结果为 False。

【例 4.1】　判断某年是否闰年的条件是：年号（y）能被 4 整除，但不能被 100 整除；或者能被 400 整除，用逻辑表达式来表示这个条件，可写成：

    (y Mod 4=0 And y Mod 100<>0) Or (y Mod 400=0)

也可写成：

    (Int(y/4)=y/4 And Int(y/100)<>y/100) Or (Int(y/400)=y/400)

说明：若条件 y Mod n=0（或 Int(y/n)=y/n）成立，则 y 能被 n 整除。

4.2　If 条件语句

If 条件语句有多种形式，包含单分支、双分支和多分支的条件语句。

4.2.1 单分支的条件语句

单分支条件语句只有一个分支，其流程如图4.1所示。该语句有两种格式：单行结构和块结构。

（1）单行结构

    If 条件 Then 语句组

（2）块结构

    If 条件 Then

        语句组

    End If

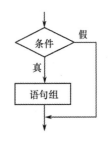

图4.1　单分支的条件语句流程

单分支条件语句的功能是：若条件成立（值为 True），则执行 Then 后面的语句组，否则不执行。

"条件"是一个关系表达式或逻辑表达式。"语句组"也称语句序列，可以是一个或多个语句。在单行结构中，如果语句组包含多个语句，语句之间用冒号 "：" 隔开。

注意：End If 表示语句的结束，输入时不能把 End 和 If 写在一起（如 EndIf），中间至少留一个空格，否则程序语法检查时会出错。其他语句如 End Sub、End Select、End Do 等，单词之间也要留空格。

【示例1】　当满足条件 cj<60 时，打印出"成绩不及格"，采用的单行结构的条件语句是：

    If cj<60 Then Print "成绩不及格"　　　　'单行结构

未用 End If 语句。

也可以采用如下的块结构条件语句：

    If cj<60 Then

        Print "成绩不及格"

    End If

【示例2】　当条件成立时要执行多个语句，可以采用单行结构，也可以采用块结构。

单行结构示例：

    If cj>=60 Then n=n+1:Print "成绩及格"

若采用块结构，上述语句可以写成：

    If cj>=60 Then

        n=n+1

        Print "成绩及格"

    End If

4.2.2 双分支的条件语句

双分支条件语句有两个分支，其流程如图4.2所示。该语句也有两种格式：单行结构和块结构。

（1）单行结构

    If 条件 Then 语句组1 Else 语句组2

（2）块结构

    If 条件 Then

        语句组1

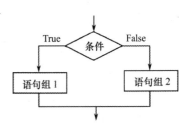

图4.2　双分支的条件语句流程

```
        Else
            语句组 2
        End If
```

双分支条件语句的功能：如果"条件"成立（True 值），则执行 Then 后面的"语句组 1"；否则（False 值）执行 Else 后面的"语句组 2"。

【示例 3】 输出 x、y 两个数中的较大数。采用块结构为：

```
        If x>y Then
            Print x
        Else
            Print y
        End If
```

也可以写成如下的单行结构格式：

```
        If x>y Then Print x Else Print y
```

【例 4.2】 输入三个数，求其中的最大数。

（1）分析：假设这三个数分别为 a、b、c，并设置变量 m 来保存较大数，其程序流程如图 4.3 所示。先比较 a、b 两个数的大小，将其中的较大数存放在 m 中，然后比较 m、c 两个数的大小，若 c 大于 m，则将 c 值赋给 m。经过两次比较后，m 中的值就是最大数。

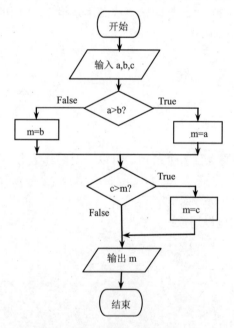

图 4.3　求三个数中最大数的流程

（2）如图 4.4 所示，在窗体上创建 4 个标签、4 个文本框和一个命令按钮。文本框 Text1、Text2 和 Text3 用于输入三个数，Text4 用于输出最大数。

（3）编写命令按钮 Command1 的单击事件过程，代码如下：

```
Private Sub Command1_Click()              '判断
    Dim a As Single, b As Single          '对一般数值，可声明为单精度型数据
    Dim c As Single, m As Single
    a=Val(Text1.Text)
```

```
    b=Val(Text2.Text)
    c=Val(Text3.Text)
    If a>b Then
        m=a                            'm 用来存放较大值
    Else
        m=b
    End If
    If c>m Then m=c
    Text4.Text=m
End Sub
```

程序运行后，当输入三个数为 8、–12、12 时，输出结果如图 4.4 所示。

图 4.4　运行界面

说明：程序流程图又称程序框图，它能直观地表示程序的处理步骤，是一种描述算法的常用方法。程序流程图定义了一些基本的图框，例如，用扁圆形框表示开始和结束，矩形框表示某种处理，菱形框表示条件判断，平行四边形框表示输入和输出，并用带箭头的线段（也称流程线）把各种图框连接起来，箭头表示处理的流向。

4.2.3　多分支的条件语句

1. 一般格式

在 If 条件语句中，Then 和 Else 后面的语句组也可以包含另一个 If 语句，这就形成 If 语句的嵌套。例如：

```
If  条件 1 Then
    If  条件 2 Then
        …
    End If
Else
    …
End If
```

【例 4.3】 输入某学生成绩（百分制），评定其等级（优良、及格和不及格）。

使用多分支的条件语句来实现成绩等级判断，代码如下：

```
Private Sub Form_Click()
    Dim s As Integer
    s=Val(InputBox("请输入成绩(百分制)"))
    If s < 60 Then
        Print "不及格"
    Else
        If s < 80 Then
            Print "及格"
        Else
            Print "优良"
        End If
    End If
End Sub
```

使用 If 条件语句嵌套时，一定要注意 If 与 Else，以及 If 与 End If 的配对关系。

2. ElseIf 格式

如果出现多层 If 条件语句嵌套，将使程序冗长，不便阅读，为此 VB 提供了 If 条件语句的专用嵌套形式 ElseIf 语句，其流程如图 4.5 所示。该语句的语法格式如下：

```
If 条件 1 Then
    语句组 1
ElseIf 条件 2 Then
    语句组 2
ElseIf 条件 3 Then
    语句组 3
    ...
[Else
    语句组 n]
End If
```

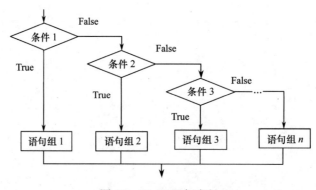

图 4.5　ElseIf 语句流程

该语句执行时先测试 "条件 1"，如果为 False，则依次测试 "条件 2"，其余类推，直到找到为 True 的条件。一旦找到一个为 True 的条件，VB 就会执行相应的语句组，然后执行 End If 语句后面的代码。如果所有条件都为 False，VB 便执行 Else 后面的 "语句组 n"，然后执行 End If 语句后面的代码。

例如，采用 ElseIf 格式语句实现例 4.3 的成绩等级判断，代码如下：

```
If s < 60 Then
    Print "不及格"
ElseIf s < 80 Then
    Print "及格"
Else
    Print "优良"
End If
```

4.2.4 IIf 函数

IIf 函数可用来执行一些简单的条件判断操作，其语法格式是：

IIf(条件, 条件为 True 时的值, 条件为 False 时的值)

功能：对"条件"进行测试，若条件成立（True 值），则取第一个值（"条件为 True 时的值"），否则取第二个值（"条件为 False 时的值"）。

例如，将 a、b 中的小数，放入 Min 变量中，语句如下：

Min=IIf(a<b, a, b)

4.3 多分支选择语句

虽然使用条件语句的嵌套可以实现多分支选择，但结构不够简明。使用多分支选择语句 Select Case 也可以实现多分支选择，它比上述条件语句嵌套更有效，更易读，并且易于跟踪调试。

多分支选择语句的语法格式为：

```
Select Case  测试表达式
    Case  表达式表 1
        语句组 1
    [Case  表达式表 2
        语句组 2]
        …
    [Case Else
        语句组 n]
End Select
```

本语句执行时，先计算"测试表达式"的值，然后将该值依次与结构中的每个 Case 的值进行比较。如果该值符合某个 Case 指定的值条件，则执行该 Case 的语句组，然后跳到 End Select 出口语句。如果没有相符合的 Case 值，则执行 Case Else 中的语句组。

"表达式表"中的表达式必须与"测试表达式"的数据类型相同。"表达式表"有以下多种形式：

（1）一个值，例如：

Case 2

（2）一组值，例如：

Case 1,3,5   '表示条件在 1、3、5 范围内取值

（3）表达式 1 To 表达式 2，例如：

Case 60 To 80   '表示条件取值范围为 60～80

（4）Is 关系式，例如：

Case Is<5　　　　　　　'表示条件在小于 5 的范围内取值

当使用多个"表达式表"时，表达式之间要用逗号隔开，例如：

Case 1, 3, 5, 7, Is>8　　　'表示条件取值为 1、3、5、7 或大于 8

例如，采用多分支选择语句 Select Case 实现例 4.3 的成绩等级判断，代码如下：

```
Select Case s
    Case Is < 60
        Print "不及格"
    Case Is < 80
        Print "及格"
    Case Else
        Print "优良"
End Select
```

【例 4.4】 用 InputBox 函数输入一个字符，判断该字符是字母字符、数字字符还是其他字符。在窗体上创建一个标签 Label1 和一个命令按钮 Command1，如图 4.6 所示。

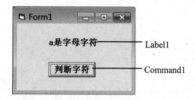

图 4.6　运行界面

编写命令按钮 Command1 的 Click 事件过程，代码如下：

```
Private Sub Command1_Click()        '判断字符
    Dim str As String * 1, c As String
    str=InputBox("输入一个字符")
    Select Case str
        Case "0" To "9"
            c="数字字符"
        Case "A" To "Z", "a" To "z"
            c="字母字符"
        Case Else
            c="其他字符"
    End Select
    Label1.Caption=str & "是" & c
End Sub
```

4.4　选择性控件

很多应用程序都需要提供选项让用户选择，如选择"是"或"否"，从列表中选择某项。VB 中用于选择的控件有单选按钮、复选框、列表框和组合框，它们都是工具箱中的标准控件。本节只介绍单选按钮和复选框，列表框和组合框将在 5.3 节中介绍。

4.4.1 单选按钮

单选按钮（OptionButton）控件由一个圆圈"○"及紧挨它的文字组成，它用于提供"选中"和"未选中"两种可选项。单击可以选中它，此时圆圈中间有一个黑圆点；没有选中时，圆圈中间的黑圆点消失。

通常，单选按钮总是以成组的形式出现，用户在一组单选按钮中必须选中一项，并且最多只能选中一项。因此，单选按钮可以用于在多种选项中由用户选择其中一项的情况。

1. 常用属性

（1）Caption 属性：设置单选按钮旁边的文字说明（标题）。默认值为 Option1,Option2,…。

（2）Value 属性：表示单选按钮是否被选中，选中时 Value 属性值为 True，否则为 False。

系统会根据操作情况来自动改变 Value 属性值。使用单选按钮组时，选中其中一个，其余的会自动关闭。

（3）Alignment 属性：设置单选按钮标题的对齐方式。属性值为 0（居左，默认值）或 1（居右）。

（4）Style 属性：设置单选按钮的外观，默认值为 0，表示标准方式（采用 VB 旧版本的单选按钮外观）；其值为 1，表示以图形方式显示单选按钮（参见命令按钮）。

2. 事件

单选按钮使用最多的是 Click 事件。当运行时单击单选按钮，或在代码中改变单选按钮的 Value 属性值（从 False 改为 True），将触发 Click 事件。在应用程序中可以创建一个事件过程，检测控件对象 Value 属性值，再根据检测结果执行相应的处理。

【例 4.5】 设计一个程序，用单选按钮组控制在文本框中显示不同的字体。

（1）创建应用程序的用户界面和设置对象属性，如图 4.7 所示。窗体上含有一个文本框和一个单选按钮组。文本框（Text1）用于显示一行文字，其内容为"单选按钮应用示例"。单选按钮组由三个单选按钮组成，其名称自上而下为 Option1、Option2 和 Option3，其 Caption 属性自上而下为"宋体"、"幼圆"和"楷体"。

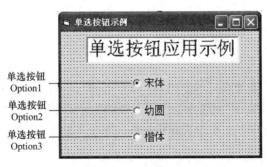

图 4.7　单选按钮应用示例

设计时，应注意单选按钮组的初始状态，如本例中的文本框的初始文字字体为"宋体"，则在属性窗口中将"宋体"单选按钮（Option1）的 Value 属性值设置为 True。也可以通过程序来设置初始状态，如在事件过程中写入代码"Option1.Value=True"。本例采用前者。

（2）编写代码如下：

```
Private Sub Option1_Click()
    Text1.FontName="宋体"
```

```
    End Sub
    Private Sub Option2_Click()
        Text1.FontName="幼圆"
    End Sub
    Private Sub Option3_Click()
        Text1.FontName="楷体-GB2312"
    End Sub
```

程序运行后，在文本框（Text1）中的文字以"宋体"字体显示，用户通过单击单选按钮组的按钮，可以改变文字的字体。

说明：代码中所用的字体号（如"宋体"、"幼圆"等）必须与系统提供的字体相一致。如果不知道系统提供了哪些字体，可以在属性窗口中选择 Font 属性，从"字体"对话框中查到系统所提供的全部字体。

4.4.2 复选框

复选框（CheckBox）又称选择框或检查框，它的控件由一个四方形小框和紧挨它的文字组成，它提供"选中"和"未选中"两种可选项。单击可以选中它，此时四边形小框内出现钩形标记（√），未选中则为空。利用复选框可以列出可供用户选择的多个选择项，用户根据需要选中其中的一项或多项，也可以一项都不选。

复选框控件与单选按钮控件在使用方面的主要区别在于，在一组单选按钮控件中只能选中一项；而在一组复选框控件中，可以同时选中多个选项。

1. 常用属性

（1）Caption 属性：设置复选框的文字说明（标题）。默认值为 Check1,Check2,…。

（2）Value 属性：表示复选框的状态。有三种取值：0-未选中（默认值）、1-选中、2-不可用（灰色显示）。

（3）Alignment 属性：设置复选框标题的对齐方式。参见命令按钮。

（4）Style 属性：设置复选框的外观。参见命令按钮。

2. 事件

复选框可响应的事件与单选按钮基本相同。

【例 4.6】 设计一个程序，用复选框来控制文字的字体、字形、字号及颜色。

（1）创建应用程序的用户界面和设置对象属性，如图 4.8 所示。窗体上含有一个标签、一个文本框和 4 个复选框。

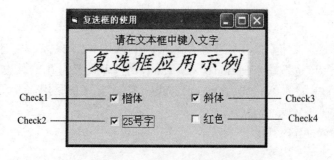

图 4.8 复选框应用示例

文本框的名称为 Text1，其 Text 属性为一段文字（如"复选框应用示例"）；4 个复选框的名称分别为 Check1、Check2、Check3 和 Check4，Caption 属性分别为"楷体"、"斜体"、"25 号字"和"红色"。

（2）编写代码：

```
Private Sub Check1_Click()
    If Check1.Value=1 Then                      '判定复选框 1 是否选中
        Text1.FontName="楷体_GB2312"          '选中时设置为"楷体_GB2312"字体
    Else
        Text1.FontName="宋体"                   '不选中时设置为"宋体"字
    End If
End Sub
Private Sub Check2_Click()
    If Check2.Value=1 Then                      '判定复选框 2 是否选中
        Text1.FontItalic=True
    Else
        Text1.FontItalic=False
    End If
End Sub
Private Sub Check3_Click()
    If Check3.Value=1 Then                      '判定复选框 3 是否选中
        Text1.FontSize=25
    Else
        Text1.FontSize=9
    End If
End Sub
Private Sub Check4_Click()
    If Check4.Value=1 Then                      '判定复选框 4 是否选中
        Text1.ForeColor=RGB(255, 0, 0)
    Else
        Text1.ForeColor=RGB(0, 0, 0)
    End If
End Sub
```

程序运行后，用户可以任意设定这 4 个复选框的状态，可以 4 项都不选，也可以选择其中 1 项至 4 项，此时方本框中文字的字体、字形、字号及颜色会随之改变。

4.5　计时器控件

计时器（Timer）也是工具箱中的一个标准控件，它每隔一定的时间就会产生一次 Timer 事件（或称报时），可根据这个特性来定时控制某些操作，或进行计时。

计时器控件在设计时显示为一个小时钟图标，在运行时不显示在屏幕上，通常另设标签或文本框来显示时间。计时器的默认名称为 Timer1,Timer2,…。

1．常用属性

（1）Enabled 属性：确定计时器是否可用。默认值为 True；当设置为 False 时，表示不可用，此时计时器不计时，也不会产生任何事件。

（2）Interval 属性：设置两个 Timer 事件之间的时间间隔，其值以毫秒（1ms=1/1000s）为单位，取值范围为 0～65535。例如，如果希望每半秒钟产生一个 Timer 事件，那么 Interval 属性值应设置为 500，这样每隔 500ms 就会触发一次 Timer 事件，从而执行相应的 Timer 事件过程。若 Interval 属性设置为 0（默认值），则表示计时器不可用。

2．事件

计时器控件只响应一个 Timer 事件。也就是说，计时器控件对象在间隔了一个 Interval 设定时间后，会触发一次 Timer 事件。

【例 4.7】 创建一个电子时钟。

（1）在窗体上创建一个计时器控件和一个文本框，如图 4.9 所示。

（2）设置对象属性。将窗体的 Caption（标题）属性设置为"电子时钟"；计时器控件名为 Timer1，Interval 属性设定为 1000（1s）；文本框名称为 Text1，Text 属性为空，字体"大小"（字号）设定为 28。

（3）编写代码：

```
Private Sub Timer1_Timer()        '每隔 1s 触发 1 次 Timer 事件，并执行本事件过程
    Text1.Text=Time               'Time 是 VB 系统时间函数
End Sub
```

程序运行后，即可见到如图 4.10 所示的电子时钟。

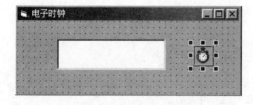

图 4.9　设计界面　　　　　　　　　　　　　图 4.10　运行界面

【例 4.8】 实现字体的放大。

利用计时器可以按指定间隔时间对字体进行放大，设计步骤如下。

（1）在窗体 Form1 上创建一个计时器控件 Timer1 和一个标签 Label1，如图 4.11 所示。标签处于窗体的左上角，大小任意。计时器采用默认的属性值，即 Enabled 属性值为 True（真），Interval 属性值为 0。程序运行界面如图 4.12 所示。

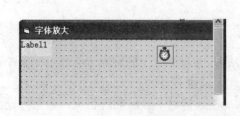

图 4.11　设计界面　　　　　　　　　　　　　图 4.12　运行界面

（2）在 Form_Load 事件过程中，把标签的高度和宽度设置为与窗体相同的尺寸，并将计时器的 Interval 属性设置为 800，即每隔 0.8s 触发一次 Timer 事件。在计时器事件过程中，采用条件语句判断标签的字号是否小于 140。如果是，则每隔 0.8s 将字号扩大 1.2 倍；如果大于或等于 140（控制字号小于 140），则把字号恢复为 8，然后又可以继续放大标签的字号。

代码如下：

```
Private Sub Form_Load()
    Label1.Caption="放大"
    Label1.Width=Form1.Width
    Label1.Height=Form1.Height
    Timer1.Interval=800
End Sub
Private Sub Timer1_Timer()
    If Label1.FontSize < 140 Then
        Label1.FontSize=Label1.FontSize * 1.2          '每次放大 1.2 倍
    Else
        Label1.FontSize=8                               '恢复为 8 号字
    End If
End Sub
```

4.6 程序举例

【例 4.9】 设计一个倒计时器。先由用户给定倒计时的初始分秒数，然后开始倒计时，每隔 1s，时间值（总秒数）减 1，直到时间值为 0，停止倒计时。

（1）在窗体上创建一个计时器（Timer1）、两个标签、两个文本框（Text1 和 Text2）和一个命令按钮（Command1），如图 4.13 所示。

计时器采用默认的属性值，即 Enabled 属性为 True，Interval 属性为 0。两个文本框 Text1 和 Text2 分别用于显示倒计时的分和秒。

（2）编写代码。

程序中用变量 t 表示总秒数，由于 t 要在不同过程中使用，因此把它声明为模块级变量（模块级变量的概念将在 7.4.3 节介绍）。模块级变量要在窗体模块的声明段中声明，其作用范围是该窗体模块的所有过程，即在窗体模块的所有过程中都可以访问变量 t。

```
Dim t As Integer                       '在窗体模块的声明段中声明模块级变量
Private Sub Form_Load()
    Timer1.Interval=1000               '设置每隔 1s 触发 1 次 Timer 事件
    Timer1.Enabled=False               '关闭计时器
End Sub
Private Sub Command1_Click()           '倒计时
    t=Val(Text1.Text) * 60+Val(Text2.Text)
    If t=0 Then
        MsgBox "请输入倒计时的初始时间"
        Exit Sub                       '退出过程
```

```
        End If
        Timer1.Enabled=True                    '打开计时器
    End Sub
    Private Sub Timer1_Timer()                 '每隔 1s 自动执行一次
        Dim m As Integer, s As Integer
        t=t-1
        m=t \ 60                               '分
        s=t Mod 60                             '秒
        Text1.Text=Format(m, "00")
        Text2.Text=Format(s, "00")
        If t=0 Then
            Timer1.Enabled=False               '关闭计时器
            MsgBox "倒计时时间到!! "
        End If
    End Sub
```

程序运行后，输入倒计时的初始时间，单击"倒计时"按钮开始倒计时，运行界面如图 4.14 所示。

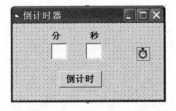 

图 4.13　倒计时器的设计界面　　　　　　图 4.14　倒计时器的运行界面

【例 4.10】　设计一个密码输入的简单检验程序，程序的运行界面如图 4.15 所示。密码为 6 位字符（本例假定为 "123456"），密码输入时在屏幕上不显示输入的字符，而以 "*" 代替。

采用嵌套结构的条件语句对输入的密码进行检验，处理方法如下。

（1）若输入密码正确，则通过消息框显示信息"欢迎您用机！"。

（2）若输入密码不对，会弹出如图 4.16 所示的消息框，显示信息"密码错误！"并提示"重试"及"取消"。

图 4.15　密码检验的运行界面　　　图 4.16　密码输入错误时弹出的消息框

①　若用户单击"重试"按钮，MsgBox 函数将返回值 4（见表 3.4），通过条件判断后执行 Text1.SetFocus，供用户再次输入。

②　若用户单击"取消"按钮，MsgBox 函数将返回值 2，则弹出消息框显示信息"密码错误，不重试了！"和结束程序运行。

代码如下：

```
    Private Sub Command1_Click()                        '确定
        Dim p As Integer
        If Text1.Text="123456" Then
            MsgBox "欢迎您用机！"
        Else
            p=MsgBox("密码错误!", 5+48, "输入密码")      '在消息框上显示"重试"和"取消"按钮，
                                                         '以及"！"图标
            If p=4 Then                                  '4 表示单击了"重试"按钮
                Text1.SetFocus                           '焦点定位在原输入的文本框中
            Else
                MsgBox "密码错误，不重试了！"            '若单击"取消"按钮，则弹出另一个消息框
                End
            End If
        End If
    End Sub
    Private Sub Form_Load()
        Text1.PasswordChar="*"                           '设置以"*"替代显示
        Text1.MaxLength=6                                '密码为 6 个字符
        Text1.Text=""
    End Sub
```

【例 4.11】 编写程序，求解古代数学的"鸡兔同笼"问题。

题目：鸡兔同笼，已知鸡和兔总头数为 $h=23$，总脚数为 $f=56$，求鸡、兔各有多少只？
由学生回答问题，然后评判答题是否正确。

（1）分析：设鸡、兔各有 x、y 只，则方程式如下：

$$\begin{cases} x + y = h \\ 2x + 4y = f \end{cases}$$

解方程，求出的 x、y 为

$$\begin{cases} x = (4h - f)/2 \\ y = (f - 2h)/2 \end{cases}$$

（2）如图 4.17 所示，在窗体上建立 1 个命令按钮 Command1 和 1 个标签 Label1。标签用于显示考题。

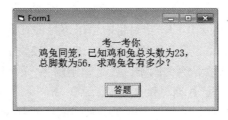

图 4.17　运行界面

（3）编写两个事件过程，Form1_Load 过程用于显示考题内容，Command1_Click 过程用于答题，代码如下：

```
Private Sub Form_Load()
    Dim s As String
    s=Space(13) & "考一考你" & vbCrLf
    s=s & "鸡兔同笼，已知鸡和兔总头数为 23，" & vbCrLf
    s=s & "总脚数为 56，求鸡兔各有多少?"
    Label1.FontSize=13
    Label1.Caption=s
End Sub
Private Sub Command1_Click()                        '答题
    h=23 : f=56                                     '总头数及总脚数
    j1=(4 * h - f) / 2                              '求出的鸡数
    t1=(f - 2 * h) / 2                              '求出的兔数
    j2=Val(InputBox("鸡的只数是多少？","请回答"))    '用户回答
    t2=Val(InputBox("兔的只数是多少？","请回答"))
    Select Case True                                '选择真值
        Case j1=j2 And t1=t2
            MsgBox "回答完全正确!"
        Case j1=j2
            MsgBox "鸡数回答正确，但兔数不对!"
        Case t1=t2
            MsgBox "兔数回答正确，但鸡数不对!"
        Case Else
            MsgBox "回答错误!"
    End Select
End Sub
```

程序开始运行时，出现的用户界面见图 4.17。当用户单击"答题"按钮时，程序弹出一个输入框，由用户输入答案，再通过消息框显示评判意见。

说明：上述 Command1_Click 事件过程中，Select Case 语句的"测试表达式"采用逻辑值 True，其含义是以 True 值依次与后面的每个 Case 的值进行比较，即先计算逻辑表达式"j1=j2 And t1=t2"的值，如果该值是 True 值（与"Select Case True"中的测试值 True 相符合），则执行该 Case 的语句块（语句"MsgBox "回答完全正确! ""），否则判断下一个 Case 的逻辑表达式，其余类推。

采用逻辑值 True 或 False 直接作为测试表达式的值，是编程的一种常用方法，类似的还有 If True Then…、Do While True 等。

【例 4.12】 设计程序，输入某年的一个月份，输出该月份有多少天。

（1）分析：通常 1 月、3 月、5 月、7 月、8 月、10 月、12 月都有 31 天；4 月、6 月、9 月、11 月都有 30 天；而对 2 月则要看是否为闰年，若是闰年则 29 天，平年有 28 天。

判断某年是否闰年的逻辑表达式请见例 4.1。

（2）按图 4.18 所示设计界面，三个文本框 Text1、Text2 和 Text3 分别用于输入年、输入月和输出该月的天数。

图 4.18　运行界面

（3）编写代码：

```
Private Sub Command1_Click()                    '输出
    Dim y As Integer, m As Integer, d As Integer
    y=Val(Text1.Text)
    m=Val(Text2.Text)
    Select Case m
        Case 1, 3, 5, 7, 8, 10, 12
            d=31
        Case 4, 6, 9, 11
            d=30
        Case 2
            If(y Mod 4=0 And y Mod 100 <> 0) Or (y Mod 400=0) Then
                d=29                            '闰年的 2 月有 29 天
            Else
                d=28                            '平年的 2 月有 28 天
            End If
        Case Else
            Text3.Text="非法月份！！ "
            Exit Sub                            '退出过程
    End Select
    Text3.Text=d
End Sub
```

习题 4

一、单选题

1. 设 a=-1，b=2，下列逻辑表达式为 True 值的是（　　　）。
    A．Not a>=0 And b<2
    B．a*b<-5 And a/b<-5
    C．a+b>=0 Or Not a-b>=0
    D．a=-2*b Or a>0 And b>0
2. 如果要将文本型数据"12"、"6"、"56"按升序排列，其排列的结果是（　　　）。
    A．"12","6","56"
    B．"12","56","6"
    C．"56","6","12"
    D．"56","12","6"
3. 表示条件"X 是大于或等于 5，且小于 95 的数"的条件表达式是（　　　）。
    A．5<=X<95
    B．5<=X, X<95

C．X>=5 and X<95　　　　　　　　　　　　D．X>=5 and <95

4．关于语句"If s=1 Then t=1"，下列说法正确的是（　　　）。

 A．s 必须是逻辑型变量

 B．t 不能是逻辑型变量

 C．s=1 是关系表达式，t=1 是赋值语句

 D．s=1 是赋值语句，t=1 是关系表达式

5．要判断正整数 a 是否能被 b 整除，不可以采用（　　　）。

 A．a/b=Int(a/b)　　　　B．a/b=Fix(a/b)　　　　C．a\b=0　　　　D．a Mod b=0

6．执行下列程序段，在消息框中显示的内容是（　　　）。

```
a="abcde" : b="cdefg"
c=Right(a, 3) : d=Mid(b, 2, 3)
If c<d Then
    y=c+d
Else
    y=d+c
End If
MsgBox y
```

 A．abcdef　　　　　　　　B．cdebcd　　　　　　　　C．cdeefg　　　　　　　　D．cdedef

7．执行下列程序段后，变量 x 的值是（　　　）。

```
x=10
y=IIf(x>0,x Mod 3,0)
Select Case y
        Case Is < 5
            x=x+1
        Case   5,7,9
            x=x+2
        Case 10 To 15
            x=x+3
        Case Else
            x=x+4
End Select
Print "x=x+1";
Print x+1
```

 A．8　　　　　　　　　　B．7　　　　　　　　　　C．12　　　　　　　　　　D．11

8．设窗体上有一个命令按钮 Command1 和一个文本框 Text1，并有以下事件过程：

Private Sub Command1_Click()

 Text1.Text=UCase(Text1.Text)

 Text1.SetFocus

End Sub

Private Sub Text1_GotFocus()

 If Text1.Text <> "BASIC" Then

```
        Text1.Text=""
    End If
End Sub
```

程序运行后，在 Text1 文本框中输入 "Basic"，然后单击 Command1 按钮，则产生的结果是（   ）。

    A．文本框中无内容，焦点在文本框中

    B．文本框中为 "Basic"，焦点在文本框中

    C．文本框中为 "Basic"，焦点在按钮上

    D．文本框中为 "BASIC"，焦点在文本框中

9．下列关于单选按钮的叙述中，错误的是（   ）。

    A．单选按钮的 Enabled 属性能确定该按钮是否被选中

    B．一个窗体上（不含其他容器）的所有单选按钮一次只能有一个被选中

    C．在运行期间用鼠标单击单选按钮时，按钮的 Value 属性将变为 True 值

    D．在代码中采用语句 Option1.Value=True，把单选按钮 Option1 的 Value 属性值从原 False 值改为 True 值，将会触发 Click 事件

10．下列关于计时器（Timer）的叙述中，正确的是（   ）。

    A．可以设置计时器的 Visible 属性使其在窗体上可见

    B．可以在窗体上设置计时器的大小（高度和宽度）

    C．计时器可以识别 Click 事件

    D．如果计时器的 Interval 属性值为 0，则计时器无效

二、填空题

1．如果要使计时器每分钟触发一个 Timer 事件，则 Interval 属性应设置为_____。

2．一个单选按钮的标题为 "Open"，若要为其设置访问键 p，可将其 Caption 属性设置为_____。

3．以下程序段用于实现 Sign(x)的功能，取值如下：

$$y = \begin{cases} 1 & x > 0 \\ 0 & x = 0 \\ -1 & x < 0 \end{cases}$$

```
Dim x As Double, y As Double
x=Val(InputBox("输入 x 的值"))
If ___(1)___ Then
    y=1
Else
    If ___(2)___ Then
        y=0
    ___(3)___
        y=-1
    End If
End If
MsgBox("Sgn(x)的函数值:" & y)
```

上机练习 4

1. 输入一个 1～50000 整数，判断该数的奇偶性，如输入 89，则输出"奇数"。某学生编程如下：

```
Private Sub Form_Load()
    Dim x As Integer, s As String
    x=Val(InputBox("输入一个整数(1～50000)"))
    If x Mod 2=0 Then s="偶数"
    s="奇数"
    MsgBox s
End Sub
```

测试时发现程序有错，需要修改，请从下面修改方法中选择一个或多个正确选项，并对修改后的程序进行上机验证。

A. 把 Dim 语句中变量 x 的数据类型 Integer 改为 Long

B. 把 If 语句中的条件表达式 x Mod 2=0 改为 x Mod 2<>0 或 Int(x/2)<>x/2

C. 把 If 语句与 s="奇数"语句的位置互换

D. 把语句 MsgBox s 改为 MsgBox "s"

2. 学生的学号由 8 位数字组成，如 18023015，其中从左算起前 2 位数字表示入学年份，第 5 个数字表示学生类型，学生类型规定如下：2（博士生）、3（硕士生）、4（本科生）、5（专科生）。编写程序，输入一个学号，判定该学生的入学年份及学生类型。

（1）按照图 4.19 所示设计界面。两个文本框 Text1 和 Text2 分别用于输入学号和显示判断结果。

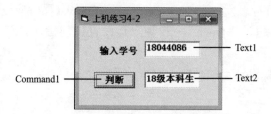

图 4.19　第 2 题的运行界面

（2）编写的代码如下，请填空并上机调试。

```
Private Sub Command1_Click()        '判断
    Dim t As Integer, p As String
    t=Val(___(1)___)
    Select Case ___(2)___
        Case 2
            p="博士生"
        Case 3
            p="硕士生"
        Case 4
            p="本科生"
        Case 5
```

```
            p="专科生"
        Case Else
            p="无效学号"
    End Select
    Text2.Text=___(3)___ & "级" & p
End Sub
```

3．编写程序，输入三个数，按从小到大的顺序显示出来，运行界面如图 4.20 所示。

【提示】假设这三个数为 a、b、c，要对这三个数排序有多种方法，常用方法是，先将 a 与 b 比较，使得 a<b（通过交换 a、b 变量值来实现，使用的语句是"If a>b Then t=a:a=b:b=t"）；再比较 a 和 c，使得 a<c，此时 a 最小；最后比较 b 和 c，使得 b<c。处理结果为 a<b<c。

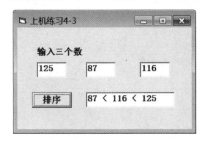

图 4.20　三个数排序

4．某商场按购买货物的款数多少分别给予顾客不同的优惠，优惠折扣如下：

购物款<300 元	无折扣
300 元≤购物款<1000 元	3%
1000 元≤购物款<5000 元	5%
5000 元≤购物款<20000 元	10%
购物款≥20000 元	15%

编写程序，输入购物款后，根据折扣计算实交款。

5．编写程序，用三个复选框分别代表红（r）、绿（g）、蓝（b）三原色的颜色值，当勾选复选框时表示颜色值为 255，不勾选复选框时表示颜色值为 0，并将使用 RGB(r, g, b)函数调配的颜色作为当前窗体的背景色（BackColor）。按照图 4.21 设计界面。

6．在窗体上创建一个标签和一个计时器，标签标题内容设置为 0，BorderStyle 属性为 1，Font 属性为二号、黑体。编写适当的事件过程，使得在运行时，每隔一秒钟标签中数字加 1。

7．设计一个复制文本的演示程序，设计界面如图 4.22 所示。

图 4.21　第 5 题的运行界面

图 4.22　演示程序的设计界面

要求：

（1）程序运行时两个命令按钮均不能响应（灰色，不能使用）。

（2）当选定文本框内文本之后（被选定的文本长度 SelLength 应大于 0），"复制"按钮能够响应。

【提示】 ① 用鼠标选定文本会触发 MouseUp 事件，见 10.1.2 节；② SelText 属性表示选定的文本内容，见 3.5.4 节。

（3）单击"复制"按钮，只有"粘贴"按钮能够响应。

（4）单击"粘贴"按钮，将已选定的文本复制到下面的文本框上，同时两个命令按钮都不能响应。

第5章 循环结构程序设计

在程序中，如果需要按指定的条件，多次重复执行某些操作，则可用循环结构来实现。使用循环结构设计程序，只需编写少量的代码，就能执行大量的重复性操作。循环结构由两部分组成，即循环体（重复执行的语句序列）和循环控制部分（控制循环的执行）。

VB 提供多种循环结构，最常用的是 For 循环语句和 Do 循环语句。

5.1 循环语句

5.1.1 For 循环语句

For 循环语句是计数型循环语句，一般用于控制循环次数已知的循环结构。先看一个简单的例子。

【例 5.1】 在窗体上显示 2～10 的偶数平方数。

通过窗体的 Click 事件过程来实现上述要求，代码如下：

```
Private Sub Form_Click()
    Dim k As Integer
    For k=2 To 10 Step 2
        Print k * k
    Next k
End Sub
```

程序运行结果是：

```
4
16
36
64
100
```

在上述 For 循环语句中，循环变量 k 的初值、终值和步长值分别为 2、10 和 2，即从 2 开始，每次加 2，到 10 为止，控制循环 5 次。每次循环都将循环体（语句 Print k*k）执行一次，因此运行后的输出结果是 4、16、36、64 和 100。

For 循环语句按指定的次数重复执行循环体，其语法格式如下：

```
For 循环变量=初值 To 终值 [Step 步长值]
    语句组
    [Exit For]
Next 循环变量
```

说明：

（1）循环体是指 For 语句和 Next 语句之间的语句序列，它们将被重复执行指定的次数。

（2）初值、终值和步长值都是数值表达式，步长值可以是正数（称为递增循环），也可以是负数（称为递减循环）。若步长值为 1，则"Step 1"可以省略。

（3）"Exit For"语句的作用是退出循环。For 循环中可以在任何位置放置任意个 Exit For 语句，以便根据需要中途退出循环。

For 循环语句执行的流程如图 5.1 所示，其执行步骤如下（假设循环体内无转出循环的语句）：

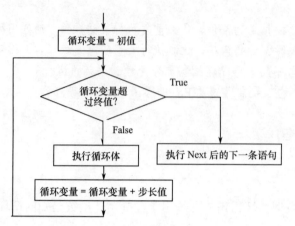

图 5.1　For 循环语句的执行流程

（1）将初值赋给循环变量。

（2）判断循环变量值是否超过终值（步长值为正时，表示大于终值；步长值为负时，表示小于终值）。超过终值时，退出循环，执行 Next 后的下一个语句。

（3）未超过终值时，执行循环体。

（4）遇到 Next 语句时，修改循环变量值，即把循环变量的当前值加上步长值后，再赋给循环变量。

（5）转到（2）去判断循环条件和是否继续循环。

在例 5.1 中，第 1 次循环时，循环变量 k 等于 2；执行循环体（显示 4）后，遇到 Next 语句，修改 k 值为 4，因不大于终值 10，则继续执行循环体。以后执行第 2 次、第 3 次、第 4 次循环。当第 4 次循环后，遇到 Next 语句，k 被修改为 10，因不大于 10，故还要执行循环体一次（显示 100）；再执行 Next 语句，k=12 时，停止循环。

注意：退出循环时，循环变量 k 的值是 12 而不是 10。

【例 5.2】　求 1+2+3+…+8 的结果，并将结果显示在窗体上。

代码如下：

```
Private Sub Form_Click()
    s=0
    For k=1 To 8
        s=s+k
    Next k
    Print "s="; s
End Sub
```

程序运行结果如下：

```
s=36
```

语句 s=s+k（循环体语句）第 1 次循环时，s 和 k 的值分别为 0 和 1，求和结果 1 赋值给 s；第 2 次循环时，s 和 k 的值分别为 1 和 2，求和结果 3 赋值给 s；第 3 次循环时，s 和 k 的值分别为 3 和 3，求和结果 6 赋值给 s；其余类推。第 8 次循环时，s 和 k 的值分别为 28 和 8，求和结果 36 赋值给 s。因为第 8 次循环后，循环变量 k 值修改为 9，因此循环结束（只循环 8 次），故 s 的最终值为 36。

由此可见，本程序是采用累加方法来求解的。程序中设置一个累加数 s，并用 k 存放"加数"（每次要加入的数），k 依次表示的数值为 1,2,…,8。通过 s=s+k（也称为加法器）和循环 8 次，每次加一个数，就可以把 8 个数加起来。

不难看出，如果要计算的是 1+2+3+…+n（如 n=10000）的结果，则程序结构不必改动，只需将上述程序中的终值 8 改为 n（如 10 000）就行了。

【例 5.3】 求 8!=1×2×3×…×8。

代码如下：

```
Private Sub Form_Click()
    t=1
    For c=1 To 8
        t=t*c
    Next c
    Print "T="; t
End Sub
```

程序运行结果是：

T=40320

语句 t=t*c（也称乘法器）起着连乘的作用，在连乘之前，先将 t 置 1（不能置 0）。

在循环程序中，常用累加器和乘法器来完成各种计算任务。

【例 5.4】 用级数 $\frac{\pi}{4}=1-\frac{1}{3}+\frac{1}{5}-\frac{1}{7}+\cdots$，求 π 的近似值，要求取前 5000 项来计算。

分析：以 pi 代表 π 的近似值，它是由多项式中各项累加而得到的。各项的分母是 1,3,5,7,…,9999，共 5000 项。程序中使用循环语句 For c=1 To 9999 Step 2 中的循环变量 c 来表示各项的分母，c 从 1 开始，每次加 2，直至 9999 为止。每循环一次累加一次值（1/c）。由于多项式中各项的符号不同，因此要在每项前面乘以 1 或-1 以体现正或负值，用 s 代表"符号"，它的初值为+1，以后依次变为 -1,+1,-1,+1,…，只要每次使 s 乘以-1 即可。

求解 π 近似值的流程如图 5.2 所示，代码如下：

```
Private Sub Form_Click()
    Dim pi As Single, c As Integer, s As Integer
    pi=0
    s=1                              's 表示加或减的运算
    For c=1 To 9999 Step 2
        pi=pi+s / c
        s=-s                         '交替改变正、负号
    Next c
    Print "π="; pi * 4
End Sub
```

运行结果为：

π=3.141397

显然，累加项数越多，近似程度越好。读者不妨把该程序的循环终值从 9999 改为 99999、999999 等，看看得到的 π 的近似值是否会更好些。

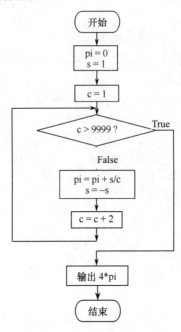

图 5.2　求解 π 近似值的流程

也许有读者会提出用 s=(-1)^c 来代替 s=-s。虽然 s=(-1)^c 也能交替改变正、负号，但乘方运算速度会慢些。循环体内语句需要重复执行，编程时要尽量采用运算强度弱的语句，能用加减运算，就不用乘除运算，尽量避免使用乘方运算。

5.1.2　Do 循环语句

Do 循环语句是条件型循环语句，它根据条件决定是否执行循环。Do 循环语句有两种语法格式：前测型 Do 循环语句和后测型 Do 循环语句，两者区别在于判断条件的先后次序不同。

1. 前测型 Do 循环语句

前测型 Do 循环语句是条件在前，先判断条件再循环。语法格式：

  Do {While|Until} 条件

    语句组

    [Exit Do]

  Loop

Do While…Loop（当型循环）语句的功能：当条件成立（为 True）时，执行循环体；当条件不成立（为 False）时，终止循环。

Do Until…Loop（直到型循环）语句的功能：当条件不成立（为 False）时，执行循环体，直到条件成立（为 True）时，终止循环。

Do 循环结构可以替代 For 循环。下面给出同一个求解问题，采用两种循环结构，它们的运算结果是一样的。请读者自己分析、比较这两种结构的区别。

【例 5.5】　分别利用 Do 循环语句和 For 循环语句，计算 $2^2+4^2+6^2+\cdots+100^2$ 的结果。

Do 循环语句：

```
Private Sub Form_Click()
    Dim n As Integer, s As Long
    n=2: s=0
    Do While n <=100
        s=s+n * n
        n=n+2
    Loop
    Print "s="; s
End Sub
```

For 循环语句：

```
Private Sub Form_Click()
    Dim n As Integer, s As Long
    s=0
    For n=2 To 100 Step 2
        s=s+n * n
    Next n
    Print "s="; s
End Sub
```

上述 Do 循环语句的执行过程如下：

（1）执行到 Do While 时，系统先判断条件 n<=100 是否成立，因为 n 的初值为 2，条件成立，则进入第 1 次循环。

（2）第 1 次执行循环体后，n 值为 4。遇到 Loop 语句时，再次判断条件 n<=100 是否成立。因为条件成立，进入第 2 次循环。其余类推，一共循环 50 次。

（3）第 50 次执行循环体后，n 值为 102，再遇到 Loop 语句时，判断条件 n<=100 是否成立。因为条件不成立，则结束循环，转去执行 Loop 后面的第一个语句。

如果采用 Do Until…Loop 来编写例 5.5 的 Do 循环程序，只需将 Do While n<=100 改为 Do Until n>100 即可。

【例 5.6】 我国有 14 亿人口，按人口年平均增长率为 0.57%计算，多少年后我国人口超过 20 亿？

使用数学公式：$20=14\times(1+0.0057)^n$。

解此题可直接利用标准函数（Log 函数）求得，也可采用循环语句求得。下面采用循环方法，代码如下：

```
Private Sub Form_Click()
    Dim s As Single, n As Integer
    s=14
    n=0
    Do While s < 20
        s=s * 1.0057
        n=n+1
    Loop
    Print n & "年后我国人口达到" & s
End Sub
```

程序运行结果：

63 年后我国人口达到 20.02813

2．后测型 Do 循环语句

后测型 Do 循环语句是"条件"在后，先循环后判断条件。语法格式：

```
Do
    语句组
    [Exit Do]
Loop {While|Until} 条件
```

功能：先执行循环体，然后判断条件，根据条件决定是否继续执行循环。

注意：本语句执行循环的最少次数为 1，而前测型 Do…Loop 语句的最少次数为 0（一次都不执行循环）。

【例 5.7】 输入两个正整数，求它们的最大公约数。

（1）分析：用"辗转相除法"求两个数 m、n 的最大公约数，算法如下：求出 m/n 的余数 p，若 p=0，n 即为最大公约数；若 p 非 0，则把原来的分母 n 作为新的分子 m，把余数 p 作为新的分母 n 继续求解。

（2）按照图 5.3 设计界面。

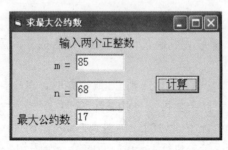

图 5.3　运行界面

（3）编写"计算"按钮的 Click 事件过程，代码如下：

```
Private Sub Command1_Click()              '计算
    Dim m As Integer, n As Integer, p As Integer
    m=Val(Text1.Text)
    n=Val(Text2.Text)
    Do
        p=m Mod n                         '求 m/n 的余数 p
        m=n                               '原分母 n 作为新的分子 m
        n=p                               '余数 p 作为新的分母 n
    Loop While p <> 0                     '执行循环体后再判断循环条件
    Text3.Text=m                          '取 m Mod n 为 0 时的 n 值
End Sub
```

如果输入 m 和 n 的值分别为 85 和 68，则程序运行结果见图 5.3。

5.2　多重循环

多重循环是指循环体内含有循环语句的循环，又称多层循环或嵌套循环。

多重循环的执行过程是：外层循环每执行一次，内层循环就要从头开始执行一轮。

【例 5.8】 多重循环程序示例。

```
Private Sub Form_Click()
    For i=1 To 3                          '外循环
        For j=5 To 7                      '内循环
            Print i, j
        Next j
    Next i
```

End Sub

程序运行结果：

```
1  5
1  6
1  7
2  5
2  6
2  7
3  5
3  6
3  7
```

这个二重循环程序的执行过程是：

（1）把初值 1 赋给 i，并以 i=1 执行外循环的循环体，而该循环体又是一个循环（称为内循环）。因此在 i=1 时，j 从 5 变化到 7，Print 方法（内循环的循环体）被执行 3 次，输出 1 和 5 到 1 和 7。

执行第 1 次外循环后，i 值修改为 2。

（2）以 i=2 执行外循环的循环体，输出 2 和 5 到 2 和 7。

执行第 2 次外循环后，i 值修改为 3。

（3）以 i=3 执行外循环的循环体，输出 3 和 5 到 3 和 7。

执行第 3 次外循环后，i 值修改为 4，因为 i 值大于终值 3，因此结束循环。

在使用多重循环时，注意内、外循环层次要分清，不能交叉，例如：

正例	错例
For i=…	For i=…
…	…
For j=…	For j=…
…	…
Next j	Next i
…	…
Next i	Next j

【例 5.9】 在窗体上显示如图 5.4 所示的九九乘法表。

分析：显然"九九乘法表"是一个 9 行 9 列的二维表，行和列都以一定规则变化。可以采用二重循环进行控制，并分别将外、内循环变量（用 i 和 j 表示）作为被乘数和乘数，被乘数 i 和乘数 j 分别从 1 变化到 9。每次退出内循环（换一次被乘数）时，控制换行一次。

利用窗体的 Click 事件过程实现上述要求，代码如下：

```
Private Sub Form_Click()
    Dim i As Integer, j As Integer, s As String, x As String
    Print Space(26) & "九九乘法表"
    For i = 1 To 9
        s = ""                          's 用于保存一行的内容，其初值为空
        For j = 1 To 9
            x = i & "*" & j & "=" & i * j     '用字符串生成一项：被乘数*乘数=积
            s = s & x & Space(7 - Len(x))     '每次连接一项，每项占 7 位
        Next j                          '通过 Space 函数生成一定数目的空格
```

```
        Print s                    '显示一行的内容
            Next i
    End Sub
```

图 5.4 九九乘法表

其实，常用的"九九乘法表"只需要左下三角形部分，如图 5.5 所示。若要输出左下三角形"九九乘法表"，则只需在上述程序的基础上，将"For j = 1 To 9"改为"For j = 1 To i"即可。

作为练习，请读者思考一下，若要输出右上三角形"九九乘法表"，如图 5.6 所示，程序又该如何改动？提示：设定好 For 语句的初、终值，还要输出每行开头的空白（空格）。

图 5.5 左下三角形"九九乘法表"   图 5.6 右上三角形"九九乘法表"

5.3 列表框与组合框

列表框和组合框都是 VB 工具箱中的标准控件，它们都能为用户提供若干个选项，供用户任意选择。两种控件的特点是为用户提供大量的选项，且又占用很少的屏幕空间，操作简单方便。

5.3.1 列表框

列表框（ListBox）用于列出可供用户选择的项目列表，用户可从中选择一个或多个选项。如果项目数超过列表框可显示的数目，控件上将自动出现滚动条，供用户上下滚动选择。

在列表框内的项目称为表项，表项的加入是按一定的顺序号进行的，这个顺序号称为索引。

1. 常用属性

（1）Name 属性：设置控件对象的名称。列表框的默认名称为 List1、List2 等。

（2）List 属性：该属性是一个字符型数组（数组的概念将在第 6 章中介绍），用于存放列表框。List 数组的下标（可以理解为索引，通过它可以指定数组中的某个元素）从 0 开始。如图 5.7 所示，List1.List(0)的值为"教授"，List1.List(1)的值为"副教授"，其余类推。

可以通过 List 属性向列表框添加表项，其操作是：在属性窗口中单击 List 属性，再单击其右列中的下拉箭头按钮，用户可以在弹出的下拉框中输入列表框中的表项。每输入完一项都要按 Ctrl+Enter 组合键换行，全部输入完后按 Enter 键，所输入的表项即出现在列表框中。

（3）ItemData 属性：该属性用于为列表框的每个表项设置一个对应的数值，是一个整型数组，其个数与表项的个数一致，通常用来作为表项的索引或标识值。

（4）ListCount 属性：表示列表框中表项的数目。ListCount-1 表示列表中最后一项的序号。

（5）ListIndex 属性：表示已选定表项的顺序号（索引）。若未选定任何项，则 ListIndex 的值为-1。

（6）Text 属性：存放当前选定表项的文本内容。该属性是一个只读属性，可在程序中引用 Text 属性值。

图 5.7 List 属性的表项

（7）Selected 属性：该属性是一个逻辑型数组，表示列表框中某个表项是否被选中。例如，List1.Selected(2)为 True 时，表示 List1 的第 3 项被选中；为 False 时，表示未选中。

（8）Sorted 属性：设置列表框中各表项在运行时是否按字母顺序排列。True 为按字母顺序排列，False 为不按字母顺序排列（默认）。

（9）MultiSelect 属性：确定是否允许同时选择多个表项。0 为不允许（默认），1 为允许（用单击或按空格键来选定或取消），2 也为允许（按 Ctrl 键的同时单击或按空格键来选定或取消；单击第一项，再按 Shift 键的同时单击最后一项，可以选定连续项）。

（10）SelCount 属性：当允许同时选定多个表项时，该属性表示当前已选定表项的总个数，即列表框中 Selected 属性值为 True 的表项总个数。

（11）Columns 属性：确定列表框是水平滚动还是垂直滚动，以及显示列表中表项的方式。默认值为 0，表示每一个表项占一行，列表框按单列垂直滚动方式显示。属性值为 n（大于 1）时，多个表项占一行，列表框按多列水平滚动方式显示。

（12）Style 属性：确定控件的样式。默认值为 0，表示标准形式；设置该属性值为 1 时，表示复选框形式，即在每个表项前增加一个复选框以表示该表项是否被选中。

2．事件

列表框可接收 Click、DblClick 等事件。

3．方法

列表框中的表项可以通过 List 属性设置，也可以在程序中用 AddItem 方法添加，用 RemoveItem 或 Clear 方法删除。

（1）AddItem 方法：把一个列表项加入列表框。语法格式为：

列表框名.AddItem 列表项[,索引]

其中，"索引"值不能大于表中项数（ListCount）。若省略"索引"参数，则自动在最后一个表项的后面添加所需的列表项。

例如，要在省份列表框 List1 的第 28 个位置后插入"海南省"，可以采用如下方法：

List1.AddItem "海南省"，28

（2）Clear 方法：删除列表框中的所有列表项。语法格式为：

列表框名.Clear

（3）RemoveItem 方法：从列表框中删除一个列表项。语法格式为：

列表框名.RemoveItem 索引

4．列表框表项的输出

输出列表框中的表项，有三种常用方法：

（1）用鼠标单击列表框内某个表项，则该表项值存放在 Text 属性中。例如：

    x=List1.Text   '把选定的表项值存放在 x 变量中

（2）指定索引号来获取表项的值，例如：

    List1.ListIndex=3

    x=List1.Text

（3）从 List 数组中读取表项的值，例如：

    x=List1.List(3)

【例 5.10】 设计程序，找出 4 位数中能被 16 整除的完全平方数，并把这些 4 位数显示在列表框中，其个数显示在标签中。

（1）分析：某数 n 能被 16 整除且为完全平方数的判别条件是 (n Mod 16=0) And (Sqr(n)=Int(Sqr(n)))。

（2）按照图 5.8 设计界面。命令按钮名称为 Command1，其 Caption 属性为"显示"；标签 Label1 用于显示操作提示；列表框 List1 用于显示符合条件的自然数。创建列表框的方法与其他控件类似，即单击工具箱中的列表框控件（ListBox），然后在窗体中适当位置处拖放成所需的大小。

（3）编写两个事件过程，代码如下：

```
Private Sub Form_Load()
    Label1. Caption="按"显示"按钮，可以在列表框中显示 4 位数中" _
                        & "能被 16 整除的完全平方数"
End Sub
Private Sub Command1_Click()            '显示
    List1. Clear
    For n=1000 To 9999
        If (n Mod 16=0) And (Sqr(n)=Int(Sqr(n))) Then
            List1.AddItem n
        End If
    Next n
    Label1. Caption="符合条件的 4 位数的个数为:" & List1.ListCount
End Sub
```

程序运行结果见图 5.8。

【例 5.11】 设计一个选课程序，运行界面如图 5.9 所示。窗体上含有两个标签、两个列表框和两个命令按钮。左列表框（List1）显示可供选修的课程名，用户可以用鼠标在该列表框中选择一个或多个（操作方法见 MultiSelect 属性）选修课。当用户单击"显示"按钮时，在右列表框（List2）中显示选中的所有课程。单击"清除"按钮时，将清除右列表框中的内容。

（1）按照图 5.9 设计界面。两个列表框命名为 List1 和 List2。为允许用户选择多门课程，将左列表框（List1）的 MultiSelect 属性设置为 2。

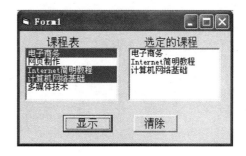

图 5.8　运行结果　　　　　　　　　图 5.9　运行界面

（2）编写代码。

为使程序开始运行时就把所有课程名都显示在左列表框（List1）中，可以利用 Form_Load 事件过程来实现这个操作。在"显示"按钮（Command1）单击事件过程中，依次判断左列表框中各选修课是否被选中（选中时系统会自动赋予 Selected 属性值为 True），如果被选中，则将其添加到右列表框（List2）中。

编写三个事件过程，代码如下：

```
Private Sub Form_Load()
    List1. AddItem "电子商务"
    List1. AddItem "网页制作"
    List1. AddItem "Internet 简明教程"
    List1. AddItem "计算机网络基础"
    List1. AddItem "多媒体技术"
End Sub
Private Sub Command1_Click()            '显示
    List2. Clear                        '清除列表框的内容
    For i=0 To List1. ListCount − 1     '逐项判断
        If List1. Selected(i) Then      '真时为选中
            List2. AddItem List1. List(i)
        End If
    Next i
End Sub
Private Sub Command2_Click()            '清除
    List2. Clear
End Sub
```

程序运行结果见图 5.9。

5.3.2　组合框

有时用户不仅要求能从已有的列表选项中进行选择，还希望自己能输入列表中不包括的内容，这就要用到组合框（ComboBox）。组合框是将列表框和文本框的特性结合在一起的控件，它具有列表框的大部分属性和方法，此外它还有自己的一些属性。

（1）Style 属性：该属性取值为 0、1 或 2，分别决定了组合框的三种不同类型，即下拉组合框（默认）、简单组合框和下拉列表框，如图 5.10 所示。

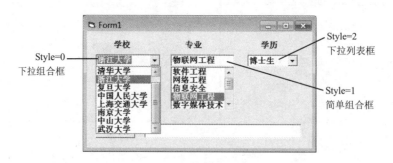

图 5.10 Style 属性的使用

① 下拉组合框（Dropdown Combo）：执行时，用户可以直接在组合框的文本框内输入内容，也可单击其下拉箭头，再从打开的列表框中选择，选定内容会显示在文本框上。

② 简单组合框（Simple Combo）：列出所有的项目供用户选择，没有下拉箭头，列表框不能收起。这种组合框也允许用户直接在文本框内输入内容。

③ 下拉列表框（Dropdown List）：不允许用户输入内容，只能从下拉列表框中选择。

（2）Text 属性：该属性是指用户所选定项目的文本或直接从文本框输入的文本。

【例 5.12】 使用三个不同样式的组合框，分别用于选择学校、专业和学历。

（1）按照图 5.11 设计界面，在窗体上从左至右添加 Combo1、Combo2 和 Combo3 三个组合框，再添加一个文本框 Text1 和一个命令按钮 Command1。

（2）设置组合框 Combo1 的 Style 属性值为 0（DropDown，下拉组合框），并在属性窗口中向其 List 属性添加列表项：北京大学、清华大学等大学名称。

（3）设置组合框 Combo2 的 Style 属性值为 1（Simple，简单组合框），并向其 List 属性添加列表项：软件工程、网络工程等专业名称。

（4）设置组合框 Combo3 的 Style 属性值为 2（DropDownList，下拉列表框），并向其 List 属性添加列表项：博士生、硕士生等学历名称。

三个组合框中，除 Combo3（下拉式列表框，存放学历）只能从列表中选择外，其余两个组合框（内容分别为大学名称和专业名称）既可以从列表框中选择，又可以由用户输入。

编写两个事件过程，代码如下：

```
Private Sub Form_Load()
    Combo1. Text = Combo1.List(0)
    Combo2. Text = Combo2.List(0)
    Combo3. Text = Combo3.List(0)
End Sub
Private Sub Command1_Click()          '选择结果
    Text1. Text = Combo1. Text & Combo2. Text & "专业" & Combo3. Text
End Sub
```

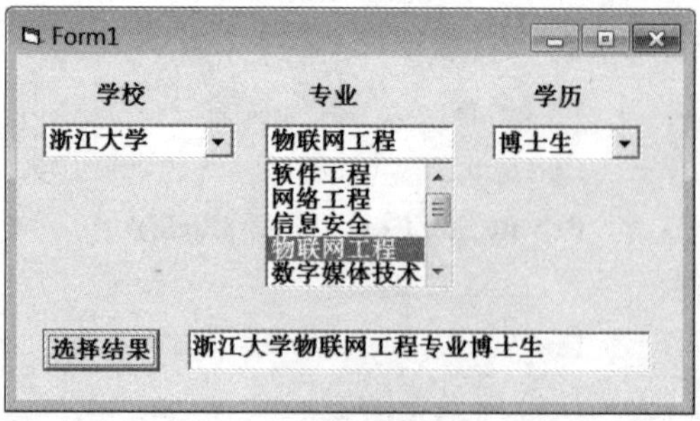

图 5.11 运行界面

程序运行时，用户在各组合框中选择内容之后，单击"选择结果"按钮，效果如图 5.11 所示。

5.4 常用算法

使用计算机解题时，先要找到问题的解决方法或步骤，再选用语句来实现这些解决方法。例如，例5.7介绍的求最大公约数的问题，我们应该先从数学的角度找到问题的求解方案（如"辗转相除法"），然后选择使用怎么样的控制结构、控制语句来实现这些解法。在编写代码前要确定解决问题的思路和方法，并正确地写出求解步骤，这就是算法。

算法是对某个问题求解过程的描述。常用的算法有：穷举法、递推法、排序法、查找法、递归法等。本节将介绍几种常用且易学的算法，后面还会陆续涉及这方面的内容。

1．累加、累乘和计数

在循环程序中，常用累加、累乘、计数等来完成各种计算任务。例5.2和例5.3已经介绍了累加、累乘的简单方法。常用的几种方法介绍如下。

累加：在原有和的基础上每次加一个数，如s=s+k。

累乘：在原有积的基础上每次乘一个数，如t=t*c。

计数：每次加1，如n=n+1。

字符串连接：每次连接一个字符串，如y=y&x（其中x、y为字符串变量）。

2．穷举法

"穷举法"也称"枚举法"，它是计算机解题常用的一种方法，其做法是：对所有可能的解，逐个进行试验，若满足条件就得到一个解，否则不是解。直到条件满足或判别出无解为止。

【例5.13】百元买百鸡问题。用100元买100只鸡，母鸡3元1只，小鸡1元3只，问各应买多少只？

下面采用穷举法来解此题。令母鸡为x只，小鸡为y只，根据题意可知$y=100-x$，开始先让x初值为1，以后逐次加1，求x为何值时，条件$3x+y/3=100$成立。如果当x达到30时还不能使条件成立，则可以断定此题无解。因为买的母鸡数不可能超过30，超过30就不能买到100只鸡。

代码如下：

```
Private Sub Form_Click()
    Dim x As Integer, y As Integer
    For x=1 To 30
        y=100 − x
        If 3 * x+y / 3=100 Then
            Print "母鸡只数为:"; x,
            Print "小鸡只数为:"; y
        End If
    Next x
End Sub
```

运行结果是：

母鸡只数为：25 小鸡只数为：75

3．递推法

"递推法"也称"迭代法"，其基本思想是把一个复杂的计算过程转化为简单过程的多次重复。

每次重复都从旧值的基础上递推出新值，并由新值代替旧值。

【例 5.14】 用递推法求 $x = \sqrt{a}$ 。求平方根的递推数学公式为

$$x_{n+1} = (x_n + a/x_n)/2$$

通过 InputBox 函数输入 a 值，并以 a 作为 x 的初值。要求前后两次求出的 x 差的绝对值小于 10^{-5}。

分析：这是一个"递推"问题，先从 a 推出第一个 x 值[即 $(a+a/a)/2 \to x$]，再以该 x 值（旧值）推出 x 的新值[即 $(x+a/x)/2 \to x$]，依次向前推，每次以 x 旧值推出 x 的新值[即 $(x+a/x)/2 \to x$]。当 x 的旧值与新值之差的绝对值小于 10^{-5} 时，此时的 x 新值即为所求。

代码如下：

```
Private Sub Form_Click()
    Dim a As Single, xn0 As Single, xn1 As Single    '用 xn0 表示旧值，xn1 表示新值
    a=Val(InputBox("请输入一个正数"))
    xn1=a                                            '以 a 作为 x 的初值
    Do
        xn0=xn1                                      '确定旧值
        xn1=(xn0+a / xn0) / 2                        '计算新值
    Loop While Abs(xn0 − xn1) >=0.00001              '判断
    Print a; "的平方根为"; xn1
End Sub
```

如果输入的值为 3，则程序运行结果是：

3 的平方根为 1.732051

5.5 程序举例

【例 5.15】 从键盘输入一个正整数，然后把该数的每位数字按逆序输出，例如，输入 3485，输出 5843；输入 100000，输出 000001。

以下采用两种不同解法。

（1）数值处理方法。① 通过表达式 x Mod 10 取出该整数 x 的个位数并输出，如对于 x=3485，则取出 5；② 利用赋值语句 x=x\10 截去 x 的个位数，如对于 x=3485，处理后 x=348；③ 重复执行①和②，直到 x<10，最后输出一次 x。

代码如下：

```
Private Sub Form_Click()
    Dim x As Long
    x=Val(InputBox("请输入一个正整数"))
    Do While x >=10
        Print x Mod 10;
        x=x\10
    Loop
    Print x
End Sub
```

（2）字符串处理方法。把该整数作为一个数字字符串，从字符串后部往前逐个取出字符，即可

实现按逆序输出。

代码如下：

```
Private Sub Form_Click()
    Dim x As String
    x=InputBox("请输入一个正整数")        '把该数以字符串方式赋给变量 x
    For k=Len(x) To 1 Step -1
        Print Mid(x, k, 1);               '从后部往前逐个取出字符并显示
    Next k
End Sub
```

【例 5.16】 求 1!+2!+3!+…+10!的结果。

以下采用两种不同解法。

（1）解法一。采用两重循环，外循环 10 次，每次循环计算一次阶乘，把每次阶乘值累加起来，即得求解结果。

代码如下：

```
Private Sub Form_Click()
    Dim s As Long, t As Long
    s=0
    For j=1 To 10                '计算 10 个阶乘
        t=1                      '计算一个阶乘前，先赋初值
        For k=1 To j             '计算 j!，需要循环 j 次
            t=t * k              '连乘 j 次
        Next k
        s=s+t                    '把每次计算得到的阶乘值 t 累加
    Next j
    Print s
End Sub
```

（2）解法二。这 10 个阶乘有一个特点，即后一个阶乘为上一个阶乘再乘以一个数，如 2!=1!*2，3!=2!*3，4!=3!*4，…，k!=(k-1)!*k。根据这个特点，程序只需采用单重循环就可以求解。

代码如下：

```
Private Sub Form_Click()
    Dim s As Long, t As Long
    s=0
    t=1
    For k=1 To 10                '循环 10 次，每次求一个阶乘
        t=t * k                  '求 k!，其值等于(k-1)!*k，即 t*k
        s=s+t                    '每次加入一个阶乘值 t
    Next k
    Print s
End Sub
```

【例 5.17】 取 1 元、2 元、5 元的硬币共 15 枚，付给 30 元钱，问有多少种不同的取法?

（1）分析：设 1 元硬币为 a 枚，2 元硬币为 b 枚，5 元硬币为 c 枚，可列出方程组如下。

$$\begin{cases} a + b + c = 15 \\ a + 2b + 5c = 30 \end{cases}$$

利用二重循环，设外循环的循环变量为 a，a 从 0 到 15，设内循环的循环变量为 b，b 从 0 到 15，而变量 c=15−a−b 且 c 不能小于 0。代码中逐一判断这样得到的 a、b、c 是否满足 a+2*b+5*c=30，满足时即为一组解。代码中采用计数器 n=n+1 来记录有多少种取法。

（2）如图 5.12 所示，在窗体上添加 2 个标签和 1 个命令按钮，上方标签用于显示题目，下方标签用于显示求解结果。

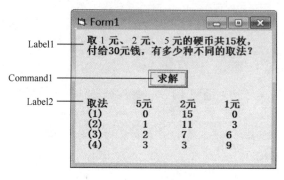

图 5.12　运行结果

（3）代码如下：

```
Private Sub Form_Load()
    Label1.AutoSize = True
    Label2.AutoSize = True
    Label1.Caption = "取 1 元、2 元、5 元的硬币共 15 枚，" & vbCrLf
    Label1.Caption = Label1.Caption & "付给 30 元钱，有多少种不同的取法?"
End Sub
Private Sub Command1_Click()                '求解
    Dim n As Integer, a As Integer, b As Integer, c As Integer
    Dim s As String, t As String
    t = Space(5)
    s = "取法" & t & "5 元" & t & "2 元" & t & "1 元" & vbCrLf
    n = 0                                   '记录解的组数
    For a = 0 To 15
        For b = 0 To 15
            c = 15 − b − a
            If a + 2 * b + 5 * c = 30 And c >= 0 Then
                n = n + 1
                s = s & "(" & n & ")" & Space(7) & c & Space(6) _
                    & b & Space(7) & a & vbCrLf
            End If
    Next b, a                               '合并两条 Next 语句
    Label2. Caption = s
End Sub
```

程序运行结果见图 5.12。

【例 5.18】 设计程序，把一批课程名放入组合框，再对组合框进行项目显示、添加、删除、全部删除等操作。

设计步骤如下：

（1）如图 5.13 所示，在窗体上创建两个标签、一个组合框、一个文本框和 4 个命令按钮。

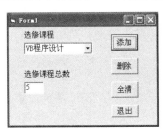

图 5.13　运行界面

（2）设置对象属性。

① 组合框：Name 属性为 Combo1，Style 属性为 0，TabIndex（键序）为 0。

② 两个标签的 Caption 属性分别为"选修课程"和"选修课程总数"。

③ 4 个命令按钮名称分别为 Command1（添加）、Command2（删除）、Command3（全清）和 Command4（退出），其 Caption 属性见图 5.13。

④ 文本框名称为 Text1，用来显示当前的选修课程总数。

（3）编写 5 个事件过程，代码如下：

```
Private Sub Form_Load()
    Combo1. AddItem "VB 程序设计"
    Combo1. AddItem "网页制作"
    Combo1. AddItem "Internet 简明教程"
    Combo1. AddItem "计算机网络基础"
    Combo1. AddItem "多媒体技术"
    Combo1. Text=""                          '置空值
    Text1. Text=Combo1. ListCount            '表项个数
End Sub
Private Sub Command1_Click()                 '添加
    If Len(Combo1. Text) > 0 Then            '判定是否有内容
        Combo1. AddItem Combo1.Text
        Text1. Text=Combo1. ListCount
    End If
    Combo1. Text=""
    Combo1. SetFocus                         '设置焦点
End Sub
Private Sub Command2()                       '删除
    Dim ind As Integer
    ind=Combo1.ListIndex
    If ind <> −1 Then                        '−1 表示无选定表项
```

```
                    Combo1. RemoveItem ind          '删除已选定的表项
                    Text1. Text=Combo1. ListCount
                End If
            End Sub
            Private Sub Command3_Click()            '全清
                Combo1. Clear
                Text1. Text=0
                Combo1. Text=""
            End Sub
            Private Sub Command4_Click()            '结束
                End
            End Sub
```
程序运行结果见图 5.13。

习题 5

一、单选题

1. 下列程序段的运行结果是（   ）。
```
    s=0
    For k=10 To 50 Step 15
        s=s+k
    Next k
    Print s
```
    A．20   B．130   C．75   D．55

2. 窗体上有一个命令按钮 Com1，并有如下程序：
```
        Private Sub Com1_Click()
            Dim x As Integer, y As Integer
            y=0
            For k=1 To 10
                x=Int(Rnd * 90+10)
                y=y+x Mod 2
            Next k
            Print y
        End Sub
```
程序运行后，单击“Com1”命令按钮，输出的结果是（   ）。

    A．10 个数中偶数的累加和   B．10 个数中奇数的累加和

    C．10 个数中偶数的个数   D．10 个数中奇数的个数

3. 分析下列程序段，并回答问题：

（1）语句 s=s+n 被执行的次数为（   ）。

（2）执行程序段后，变量 s 的值是（   ）。

```
s=0
For m=1 To 3
    n=1
    Do While n<=m
        s=s+n
        n=n+1
    Loop
Next m
```

（1）A．3　　　　　　B．4　　　　　　C．5　　　　　　D．6

（2）A．4　　　　　　B．7　　　　　　C．10　　　　　D．15

4．以下程序所计算的数学公式是（　　　）。

```
s=1 : n=2
Do While n < 1000
    s=s+n
    n=n+2
Loop
Print "s="; s
```

A．$s=1+2+4+6+\cdots+998$

B．$s=1+2+4+6+\cdots+1000$

C．$s=2+4+6+\cdots+998$

D．$s=2+4+6+\cdots+1000$

5．数列 0,1,1,2,3,5,8,… 称为斐波那契数列，它的前两个数是 0 和 1，以后每个数都是前两个数之和。输出这个数列的前 20 个数。

采用递推法可以求解该序列问题。将下列程序补充完整。

```
a=0: b=1
Print a; b;
For k=3 To 20
    ____(1)____
    Print c;
    ____(2)____
    ____(3)____
Next k
```

（1）A．c=a　　　　B．c=a+b　　　C．c=b　　　　D．a=c+b

（2）A．b=a　　　　B．a=c　　　　C．a=b　　　　D．c=b

（3）A．b=a　　　　B．b=c　　　　C．a=b　　　　D．c=a

6．下列叙述中错误的是（　　　）。

A．列表框和组合框都有 List 属性

B．列表框和组合框都有 Style 属性

C．列表框有 Selected 属性，而组合框没有

D．组合框有 Text 属性，而列表框没有

7．读取列表框中的第三个表项值，把值赋给变量 x，不可以采用（　　　）。

A．x=List1.List(2)　　　　　　B．x=List1.text(2)

C．List1.Selected(2)=True　　　D．List1.ListIndex=2

　x=List1.Text　　　　　　　　　x=List1.Text

8．在组合框 Combo1 中选定某个表项后，单击命令按钮（DelItem）即可删除该表项，DelItem 的单击事件过程如下：

```
Private Sub DelItem_Click()
    If Combo1. ListIndex <> −1 Then
        Combo1. RemoveItem____
    End If
End Sub
```

A．Combo1.ListCount　　　　　B．Combo1.ListIndex

C．Combo1.Text　　　　　　　D．Combo1.MultiSelect

9．以下程序在调试时出现了死循环：

```
Private Sub Command1_Click()
    n=InputBox("请输入一个整数")
    Do Until n=100
        If n Mod 2=0 Then
            n=n+1
        Else
            n=n+2
        End If
    Loop
End Sub
```

则关于死循环的叙述中正确的是（　　　）。

A．只有输入的 n 是偶数时才会出现死循环，否则不会

B．只有输入的 n 是奇数时才会出现死循环，否则不会

C．只有输入的 n 是大于 100 的整数时才会出现死循环，否则不会

D．输入不是 100 的任何整数都会出现死循环

二、填空题

1．设 n 和 s 均为整型变量，分别具有初值 1 和 10，试指出下列循环语句的循环体执行的次数，以及结束循环后 n 的值。

（1）Do While n<=s　　　　　　（2）Do Until n*s>40

　　　n=n+3　　　　　　　　　　　n=n*2

　　Loop　　　　　　　　　　　　Loop

执行____次，n=____。　　　　执行____次，n=____。

（3）Do　　　　　　　　　　　　（4）Do

　　　n=3*n　　　　　　　　　　　n=s\n

　　Loop Until n>s　　　　　　　　n=n+2

　　　　　　　　　　　　　　　　Loop While n<s

执行____次，n=____。　　　　执行____次，n=____。

2．用前测型 Do 循环语句来实现例 5.7，编写以下程序，请填空。

Private Sub Command1_Click()

    Dim m As Integer, n As Integer, p As Integer

    m = Val(Text1. Text)

    n = Val(Text2. Text)

    ____（1）____

    Do While ___（2）___

        m = n

        n = p

        p = m Mod n

    Loop

    Text3. Text = ___（3）___

End Sub

3．执行下列程序段，在消息框中显示的内容是_____。

    Dim i As Integer, j As Integer, cont As Integer

    cont = 0

    For i = 1 To 30

        For j = 7 To 2 Step $-$ 2

            cont = cont + 1

        Next j

        If i > 4 Then Exit For

    Next i

    MsgBox cont

4．如果只允许在列表框中每次选择一个列表项，则必须将其 MultiSelect 属性设置为_____。

5．用户可以通过___（1）___属性来设置三种不同风格的组合框，在这三种组合框中，仅供选择其中表项数据，但不允许添加数据的组合框是___（2）___。

6．设窗体上有一个列表框 List1 和一个标签 Label1，并编写如下三个事件过程：

Private Sub Form_Load()

    List1. AddItem "ItemA"

    List1. AddItem "ItemB"

    List1. RemoveItem 1

    List1. AddItem "ItemC"

    List1. AddItem "ItemD", 1

    List1. RemoveItem 2

End Sub

Private Sub Form_Click()

    Label1. Caption=List1. List(List1. ListCount $-$ 1)

End Sub

Private Sub List1_DblClick()

    Label1. Caption=List1. Text

End Sub

运行程序后，开始时在列表框中显示的表项内容是___(1)___和___(2)___。单击窗体，则在标签中显示___(3)___。当双击列表框中的列表项 ItemA 时，则在标签中显示___(4)___。

上机练习 5

1．用 For 循环语句编写程序，计算和输出 1～100 的奇数和。

2．求级数 $1/(1+1)+2/(1+2×2)+3/(1+3×3)+\cdots+n/(1+n×n)+\cdots$ 的前 200 项之和（取 1 位小数，将第 2 位小数四舍五入）。

3．为计算 $1×2+3×4+5×6+7×8+\cdots+99×100$ 的值，某学生编程如下：

```
k=2
s=0
Do While k<101
    k=k+2
    s=s+k * (k-1)
Loop
Print s
```

调试时发现运行结果有错，需要修改。请从下面的修改方案中选择一个正确方案，并对修改后的程序上机验证。

　　A．把循环前的赋值语句 k=2 改为 k=0

　　B．把循环条件 Do While k<101 改为 Do While k<=100

　　C．把循环体内两条赋值语句 k=k+2 和 s=s+k*(k-1)的位置互换

　　D．把语句 s=s+k*(k-1)改为 s=s+k*(k+1)

4．如果一个 3 位整数等于它的各位数字的立方和，则此数称为"水仙花数"，如 $153=1^3+5^3+3^3$。编制程序求所有水仙花数。

【提示】 处理的关键是要求出 3 位数的百位数字、十位数字和个位数字，请参考第 3 章上机练习 3 的第 1 题。

5．某 4 位数 ABCD 能够被 78 整除，它的前两位数字相同，后两位数字也相同（A=B，C=D），求出这个数。

6．在窗体上已经创建了两个文本框（Text1 及 Text2）和一个命令按钮（Command1），用户在文本框 Text1 中输入文本，单击命令按钮时，则从文本框 Text1 中取出英文字母，并按输入顺序显示在文本框 Text2 中，如输入"12aA3b4B5"，则在文本框 Text2 中显示为"aAbB"。通过上机调试来完善下列程序。

```
Private Sub Command1_Click()
    Dim s As String, y As String, t As String
    s=Trim(Text2. Text)
    y=""
    For k=1 To ___(1)___
        x=___(2)___
        t=UCase(x)
        If t >="A" And t <="Z" Then
            y=___(3)___
```

```
        End If
    Next k
    Text2. Text=y
End Sub
```

7. 设计程序，在窗体上创建一个列表框 List1 和一个命令按钮 Command1。列表框中已有 5 个列表项，分别为"表项 1"至"表项 5"。程序运行后，可以通过多次单击来选中多个列表项。单击"显示"按钮，在窗体上输出所有选中的列表项，如图 5.14 所示。

图 5.14　运行结果

8. 使用循环语句编写程序，在多行文本框中输出有规则图案，如图 5.15 所示。

图 5.15　要输出的图案

9. 猜数字。设有算式：

```
    A  B  C  D
-)  B  A  A  C
─────────────
    D  D  A
```

A、B、C 和 D 均为非负非零的 1 位数字。算式中的 ABCD 及 BAAC 为 4 位数，DDA 为 3 位数。设计程序，找出满足以上算式的 A、B、C 和 D。

【提示】　对 4 位数字的所有可能的组合，检测以上算式是否成立，可用四重循环实现。

第6章 数　　组

在前面学习的例题程序中，所涉及的数据不太多，使用简单变量就可以进行存取和处理，但对于成批的数据处理，就要用到数组。数组和循环语句结合起来使用，可大大提高数据处理的效率，简化编程的工作量。在 VB 中，除可以使用一般概念上的数组（称为一般数组或变量数组）外，还可以使用控件数组。

6.1　数组概述

在实际应用中，常常需要处理成批的数据，例如，统计一个班、一个年级，甚至全校学生的成绩，若按简单变量进行处理，就非要引入很多个变量名不可。如果要存储和统计 100 个学生的成绩，就得命名 100 个变量，这很不方便。当学生人数更多或课程门数更多时，就变得很困难了。使用数组，可以用一个数组名代表一批数据。例如，可以用一个数组 t 来存放上述 100 个学生的成绩，这时，这些学生成绩就表示为：

t(1),t(2),t(3),…,t(100)

其中，t(k)（k=1,2,3,…,100）为数组元素，它表示第 k 个学生的成绩，k 称为数组元素的下标（也称为索引号），用来区分每个数组元素。

数组是一组相同类型数据的集合。数组元素中下标的个数称为数组的维数。上述成绩数组 t 只有一个下标，称为一维数组。

对于可以表示成表格形式的数据，如矩阵、行列式等，可以用具有两个下标的二维数组来表示。例如，有 10 个学生，每个学生有 5 门课的成绩，如表 6.1 所示。这些成绩可以用具有两个下标的数组 a 来表示。其中第 1 个下标 i（i=1,2,…,10）表示学生号，称为行下标；第 2 个下标 j（j=1,2,…,5）表示课程号，称为列下标，则 a(i,j)表示第 i 行第 j 列的元素，如 a(1,1)表示第 1 个学生（学生 1）的语文成绩，a(1,2)表示第 1 个学生的外语成绩等。

表 6.1　学生成绩表

学生	语文	外语	数学	物理	化学
学生 1	69	93	83	65	81
学生 2	90	79	91	90	95
…	…	…	…	…	…
学生 10	86	65	72	80	92

根据问题的需要，还可以使用三维数组、四维数组等。在 VB 中最多可以使用 60 维的数组。

6.2　数组的声明及引用

6.2.1　数组的声明

数组必须先声明后使用。使用 Dim 语句可以声明数组，其语法格式为：

Dim 数组名([下界 1 To]上界 1[,[下界 2 To]上界 2…])[As 数据类型]

功能：指定数组的维数、各维的上下界和数据类型，并给数组分配存储空间。例如：

Dim sum(10) As Long	'声明长整型数组 sum，下标号为 0～10，共 11 个元素
Dim ary(1 To 15) As Integer	'声明整型数组 ary，下标号为 1～15，共 15 个元素
Dim d(1 To 5,1 To 20) As Double	'声明双精度型二维数组 d

说明：

（1）数组的命名规则与简单变量相同。在同一过程（如事件过程）中，数组名与变量名不能同名。

（2）在声明数组时，如省略下界，则默认下界为 0。有时为了使用更直观，通常将数组的每维的下界声明为 1，此时可以使用 Option Base 语句，其格式为：

Option Base n

本语句在模块（如窗体模块）层的通用声明段中使用，用来指定模块中数组下标的默认下界。n 为数组下标的下界，只能是 0 或 1。例如：

Option Base 1	'在模块层的通用声明段中声明
…	
Dim Data(20) As Single	'下标号为 1～20

（3）在声明数组时，每维的下标上、下界必须是常数，不能是变量，例如：

Dim Arr1(n)

是不合法的。即使在执行 Dim 语句之前已给定变量的值，也是错误的。

（4）"As 数据类型"为数组指定数据类型，此时数组所有元素都具有相同的数据类型。当数组为变体型时，其各元素可以保存不同类型的数据。

（5）声明数组后，VB 自动对数组元素进行初始化（如将数值型数组元素值置为 0）。

除 Dim 语句外，还可以使用 Public、Static、Private 等语句来声明数组。这些语句可以定义不同作用域的数组（变量作用域的概念见 7.4.3 节）。

6.2.2 数组元素的引用

数组元素是带有下标的变量，通常也称为下标变量，其使用与简单变量类似。声明数组后，就可以引用数组中的元素，数组元素的引用格式为：

数组名(下标,…)

例如，m(1)表示一维数组 m 中下标为 1 的元素，a(2,2)表示二维数组 a 中行下标和列下标均为 2 的元素。

下标可以是常数值，也可以是变量（包括数组元素）或表达式，如 d(s(3))，若 s(3)=2，则 d(s(3))就是 d(2)。当下标值带有小数部分时，系统会自动进行四舍五入取整，如 x(7.7)将作为 x(8)处理。

引用数组元素时，下标值必须在数组定义的各维的上、下界之内。例如：

Dim Arry(10) As Integer

Arry(11) = 1

运行时将出现"数组下标越界"错误。

【例 6.1】 输入某小组 5 个学生的成绩，并计算总分和平均分（取小数后一位）。

本例利用 InputBox 函数来输入成绩，输入完毕后经过计算，再采用 Print 直接在窗体上输出结果。

代码如下：

```
Private Sub Form_Click()
    Dim d(5)As Integer
    Dim i As Integer, j As Integer， total As Single, average As Single
    For i=1 To 5                              '输入成绩
        d(i)=Val(InputBox("请输入第" & i & "个学生的成绩", "输入成绩"))
    Next i
    total=0
    For j=1 To 5                              '计算总分
        total=total+d(j)
    Next j
    average=total/5                           '计算平均分
    Print "总分:"; total
    Print "平均分:"; Format(average, "##.0")    '以"##.0"格式输出 average
End Sub
```

说明：（1）程序中通过 Dim 语句声明一个整型数组 d，该数组包含 d(0)～d(5)共 6 个数组元素。为直观起见，本例未用第 1 个数组元素 d(0)。

（2）由 InputBox 函数为数组输入数据，第 1 次循环时，i=1，输入的数据赋给 d(1)；第 2 次循环时，i=2，输入的数据赋给 d(2)；……；第 5 次循环时，i=5，输入的数据赋给 d(5)。

（3）程序段 "For j=1 To 5…Next j" 的功能是把 d(1)、d(2)、d(3)、d(4)和 d(5)这 5 个数组元素值依次累加到变量 total 中。

利用循环可以控制数组的下标按一定规则变化，从而很方便地选定所需的数组元素。

6.3 数组的输入与输出及相关函数

1. 数组的输入

对数组的输入可以有多种方法。例如，使用赋值语句、循环语句、InputBox 函数、Array 函数等。

（1）使用赋值语句

用赋值语句为数组元素赋值的方法与给普通变量赋值相同，可以将一个常量、变量、表达式及数组元素的值赋给一个数组元素。

（2）使用循环语句

对一维数组的操作一般使用一重循环，对二维数组的操作一般会用到二重循环。

例如，利用以下循环语句，可以为一维数组 d 的所有元素赋值。

```
Dim d(100) As Integer
Fori=0 To 100
    d(i)=Int(90*Rnd+10)
Next i
```

（3）使用 InputBox 函数

使用 InputBox 函数为数组元素赋值，增强了与用户的交互性。但使用 InputBox 函数要等待用户输入，因此这种方法不适合大批量数据的输入。

（4）使用 Array 函数

Array 函数可用来为数组元素赋值，即把一组数据读入某个数组中，其格式如下：

数组变量名=Array(数组元素值)

其中，"数组变量名"是预先定义的数组名，"数组元素值"是一个用逗号隔开的值表。

例如：

```
Dim d As Variant
d=Array(1,2,3,4)
```

执行上述语句后，将把 1、2、3、4 这 4 个数赋值给数组 d 的各元素，即 1→d(0)，2→d(1)，3→d(2)，4→d(3)。

说明：

（1）数组变量名后面也可以有括号（如 Dim d() As Variant），但不能有维数和上、下界。下界默认为 0 或由 Option Base 语句决定，上界一般由 Array 函数括号内数值个数决定。

（2）数组变量只能是变体类型（Variant），不能是其他数据类型。

（3）Array 函数只能给一维数组赋值，不能给二维或多维数组赋值。

通过 Array 函数给数组赋值后，就可以像使用一般数组一样进行引用了。

【例 6.2】 通过 Array 函数输入一批学生的成绩，并求出最高分和最低分。

（1）分析：求最高分、最低分的问题，实际上就是求一组数的最大值、最小值。设 n 个学生的成绩存于一维数组 cj 中，求数组 cj 的最大值，可以按以下方法进行：

① 设一个存放最大值的变量 max，其初值为数组中的第 1 个元素值，即 max = cj(1)。

② 依次将 max 与 cj(2)～cj(n)的所有数据进行比较，如果数组中的某个数 cj(i)>max，则用该数替换 max，即 max=cj(i)。所有数组元素比较完后，max 中存放的数即为整个数组的最大值。

求最小值的方法与求最大值类似。

（2）如图 6.1 所示，在窗体上建立 1 个标签 Label1 和 1 个"查找"命令按钮 Command1。

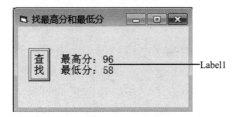

图 6.1 运行界面

（3）代码如下：

```
Option Base 1
Dim cj As Variant
Private Sub Form_Load()
    Label1. Caption = "单击"查找"按钮开始查找最高分和最低分"
    cj = Array(89, 96, 81, 67, 79, 90, 63, 85, 95, 83, 58)
End Sub
Private Sub Command1_Click()          '查找
    Dim max As Integer, min As Integer
    max = cj(1)                       '设定初值
    min = cj(1)
```

```
    For i = 2 To UBound(cj)            '用 Ubound 函数获取数组 cj 的下标上界
        If max < cj(i) Then           '找最大值
            max = cj(i)
        End If
        If min > cj(i) Then           '找最小值
            min = cj(i)
        End If
    Next i
    Label1.Caption = "最高分:" & max & vbCrLf & "最低分:" & min
End Sub
```

程序运行结果见图 6.1。

对于大量的数据输入，可用文本框再加某些处理技术来实现。

【例 6.3】 利用多行文本框输入一系列数字字符数据，数据之间以逗号","为分隔符，输入完成后将数据按分隔符分离并保存在数组中。

（1）按照图 6.2 设计界面。文本框 Text1 用于输入数字串，其 Multiline 属性设置为 True（允许多行输入）。列表框 List1 用于保存分离出来的数字字符数据。

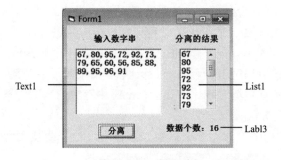

图 6.2 运行界面

（2）处理方法：通过文本框输入的数字字符数据用 s 表示，假设 s="11,22,33"。首先通过函数 p=InStr(s,",")从字符串 s 中查找第 1 个逗号，此时 p=3，从 s 中读出前头的一个子字符串"11"添加到列表框 List1 中，并从 s 中去掉该子字符串和随后的逗号（s 改为新值"22,33"），照此进行下去，直到找不到逗号（p=0）为止。因为数字字符数据个数未知，程序中采用 Do While 循环来实现。

列表框 List1 的 List 属性是一个字符串数组，经过上述处理后，该数组的每个元素 List(i)均保存着一个数字字符数据。

（3）代码如下：

```
Private Sub Command1_Click()          '分离
    Dim s As String, p As Integer
    s = Trim(Text1.Text)
    List1.Clear
    p = InStr(s, ",")                 '查找逗号","
    Do While p > 0                    '找到逗号时执行循环
        List1. AddItem Left(s, p - 1) '取出前面一个数据，添加到列表框中
        s = Mid(s, p + 1)             '获取剩余数字串
```

```
        p = InStr(s, ",")                      '再找逗号","
    Loop
    List1. AddItem s                           '保存最后一项
    Label3. Caption = "数据个数:" & List1.ListCount
End Sub
```

2．数组的输出

因为每个数组元素都是一个数据，所以输出数组元素同输出其他数据一样，可以使用 Print 方法，也可以使用控件，如标签、文本框、列表框、组合框等。

在使用二重循环输出一个二维数组（矩阵形式）时，通常内层循环用于控制列号的变化，外层循环用于控制行号的变化，在两层循环之间，要有分行输出的语句。

【例 6.4】 产生一批 50～100 随机数，作为表 6.1 中 10 个学生 5 门课的成绩，然后算出每门课的平均分。

分析：对于这样一个 10 行 5 列的成绩表，可用一个二维数组 a(10,5) 来表示。并采用两个二重循环来实现程序的功能，第 1 个二重循环为二维数组输入数据，第 2 个二重循环用于求各列（每门课）的成绩总分。

在计算 5 门课成绩总分时，外循环用 j 控制列的变化，内循环用 i 控制行的变化。第 1 次外循环时 j 值为 1（表示第 1 列），i 从 1 变化到 10（表示第 1～10 行），于是累加 a(1,1), a(2,1),…, a(10,1) 这 10 个数组元素之和（第 1 门课语文成绩的总分），临时结果存放在变量 s 中。s 每次累加前清 0（s=0）。

第 2 次外循环时 j 值为 2（表示第 2 列），i 从 1 变化到 10，于是累加 a(1,2),a(2,2),…,a(10,2)这 10 个数组元素之和（第 2 门课外语成绩的总分），临时结果存放在变量 s 中，其余类推。

编写的代码如下：

```
Private Sub Form_Click()
    Dim a(10, 5) As Integer
    Dim km As Variant, i As Integer, j As Integer, s As Integer
    km = Array("语文", "外语", "数学", "物理", "化学")
    Randomize
    For i = 1 To 10                        '控制行数
        For j = 1 To 5                     '控制列数
            a(i, j) = Int(51 * Rnd + 50)   '随机数（50～100）存放在数组的第 i 行第 j 列中
        Next j
    Next i
    For i = 1 To 5                         '控制列数
        s = 0                             '累加前清 0
        For j = 1 To 10                    '控制行数
            s = s + a(j, i)                '累加同一列 10 个元素值
        Next j
        Print km(i－1) & "科的平均分:" & Format(s / 10, "##.0")
    Next i
End Sub
```

运行结果如图 6.3 所示。如果还需要求出 10 个学生的各人平均分，请读者想一想，程序又该如何改动？

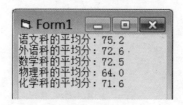

图 6.3　运行结果

3. 数组操作函数

VB 提供了一些与数组操作有关的函数，上面已经介绍了 Array 函数，下面再介绍两个常用函数 UBound 和 LBound。

函数格式如下：

UBound(数组名[,n])

LBound(数组名[,n])

这两个函数分别返回数组第 n 维的下标上界值和下界值。

其中，n 为 1 时表示第一维，为 2 时表示第二维等。如果省略，则默认为 1。

6.4　动态数组

按数组占用存储空间的方式不同，VB 中有两种形式的数组：静态数组和动态数组。静态数组是指数组元素的个数固定不变，而动态数组的元素个数在程序运行时可以改变。在前面例子中，使用的都是静态数组。当通过 Dim 声明一个静态数组后，其维数及各维的上、下界将不得改变。

有时，在程序设计阶段，并不知道数组究竟有多大，而无法声明数组大小。如果在程序一开始，就声明一个大数组，这些存储区长期被占用，会降低系统效率。遇到这种情况，可以使用动态数组。动态数组在运行过程中可以改变其大小，有效地管理和利用内存。

6.4.1　创建动态数组

创建动态数组分两步进行：第一步，声明一个没有下标（或称空维数）的数组为动态数组；第二步，在过程中用 ReDim 语句重新定义带下标的动态数组。

ReDim 语法格式：

ReDim[Preserve] 数组名([下界 1 To]上界 1[,[下界 2　To]上界 2…])[As 数据类型]

功能：用来重定义动态数组，按定义的上、下界重新分配存储单元。

例如：

Private Sub Command1_Click()

```
    Dim F()    As Integer            '声明一个整型动态数组
    …
    Size=20
    ReDim F(Size)                    '重新定义
    …
```

End Sub

说明：

（1）在重新定义的动态数组中，每维的上界和下界都可以是包含常量、变量的表达式。

（2）当重新分配动态数组时，数组中的内容将被清除，但如果在 ReDim 语句中使用了 Preserve 选择项，可保持数组中原有的数据不变。

（3）可以用 ReDim 语句反复改变动态数组元素及维数的数目。如果已将一个数组声明为某种数据类型，则不能再使用 ReDim 语句将该数组改为其他数据类型。

（4）可以用 ReDim 语句来直接定义数组（像 Dim 语句一样），但通常只是把它作为重新声明数组大小的语句使用。

【例 6.5】 ReDim 语句应用示例。

```
Private Sub Form_Click()
        Dim a() As Integer          '声明动态数组 a
        ReDim a(800)                '定义动态数组 a，下标为 0～800
        k=0
        For x=100 To 200
            If x Mod 8=0 Then
                k=k+1
                a(k)=x              '将能被 8 整除的数存入数组
            End If
        Next x
        ReDim Preserve a(k)         '重新定义动态数组 a，下标为 0～k，保留数组中原有数据
        For j=1 To k
            Print a(j)
        Next j
End Sub
```

6.4.2 数组刷新语句

数组刷新语句（Erase）可以作用于动态数组和静态数组，其格式为

Erase 数组名[,数组名]…

功能：用来清除静态数组的内容，或者释放动态数组占用的内存空间。例如：

```
Dim Array1(20) As Integer
Dim Array2() As Single
ReDim Array2(9,10)
…
Erase Array1,Array2
```

说明：

（1）对于静态数组，Erase 语句将数组重新初始化，即把所有数组元素设置为 0（数值型数据）或空字符串（字符型数据）。

（2）对于动态数组，Erase 语句将释放动态数组所使用的内存空间，也就是说，经 Erase 处理后动态数组不复存在。静态数组经 Erase 处理后仍然存在，只是其内容被清 0。

6.5 For Each…Next 循环语句

For Each…Next 语句与前面介绍的循环语句 For…Next 类似，都可用来执行已知次数的循环。但 For Each…Next 语句专门作用于数组或对象集合中的每个成员。它的语法格式是：

> For Each 成员 In 数组名
>> 语句组
>> [Exit For]
> Next 成员

其中，"成员"是一个 Variant 变量，它实际上代表数组中的每个元素。

该语句可以对数组元素进行读取、查询或显示，它所重复执行的次数由数组中元素的个数确定。这在不知道数组中元素的数目时非常有用。

【例 6.6】 用 For Each…Next 循环语句，求 1!+2!+…+10!的值。

代码如下：

```
Private Sub Form_Click()
    Dim a(1 To 10) As Long, sum As Long, t As Long, n As Integer
    t=1
    For n=1 To 10
        t=t * n
        a(n)=t                          '把 n!的值存入 a(n)
    Next n
    sum=0
    For Each x In a
        sum=sum+x                       '累加
    Next x
    Print "1!+2!+3!+…+10!="; sum
End Sub
```

输出结果如下：

> 1!+2!+3!+…+10!=4037913

上述 For Each…Next 语句能根据数组 a 的元素个数来确定循环次数，语句中 x 用来代表数组元素的值。开始执行时，x 是数组 a 的第 1 个元素的值；第 2 次循环时，x 是第 2 个元素的值，其余类推。

6.6 控件数组

6.6.1 控件数组的概念

在 VB 中，除提供前面介绍的一般数组之外，还提供了控件数组。控件数组由一组相同类型的控件组成，它们具有以下特点。

（1）具有相同的控件名（控件数组名），并以索引号（Index 属性，相当于一般数组的下标）来识别各控件。每个控件称为该控件数组的一个元素，表示为：

控件数组名（索引号）

控件数组至少应有一个元素，最多可达 32767 个元素。第一个控件的索引号默认为 0，也可以是一个非 0 的整数。VB 允许控件数组中控件的索引号不连续。

例如，Label1(0),Label1(1),Label1(2),… 就是一个标签控件数组。但要注意，Label1,Label2,Label3,… 不是控件数组。

（2）控件数组中的控件具有相同的一般属性。

（3）所有控件公用相同的事件过程。控件数组的事件过程会返回一个索引号（Index），以确定当前发生该事件的是哪个控件。

例如，在窗体上创建一个命令按钮数组 Command1，运行时不论单击哪一个按钮，都会调用以下事件过程：

Sub Command1_Click(Index As Integer)

'在此过程中，可以根据 Index 的值来确定当前按下的是哪个按钮，并做出相应的处理

…

End Sub

6.6.2 控件数组的创建

创建控件数组有三种方法：

（1）给多个控件取相同的名称。

（2）将现有的控件复制并粘贴到窗体或框架、图片框上。

（3）给控件设置一个 Index 属性值（0～32767）。

6.6.3 控件数组的使用

【例 6.7】 控件数组的使用示例。

按图 6.4 设计窗体，其中控件数组 Text1 由 4 个文本框组成。运行程序时，先在控件数组中输入一组数，单击"计算总和"按钮，则计算这组数的总和并把结果输出到文本框 Text2 中。

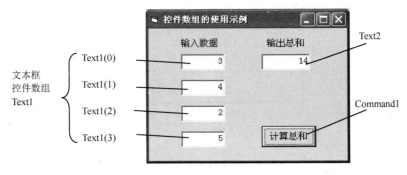

图 6.4　运行界面

设计步骤如下：

（1）设计控件数组 Text1，其中包含 4 个文本框对象。具体操作方法如下：

① 创建第一个文本框控件，名称采用默认的 Text1。设置文本框的 Text 属性为空值，Alignment 属性为 1-RightJustify（右对齐）。

② 选定文本框，单击工具栏中的"复制"按钮（或按 Ctrl+C 组合键）。

③ 单击工具栏中的"粘贴"按钮（或按 Ctrl+V 组合键），此时系统弹出一个如图 6.5 所示的

对话框，单击"是"按钮，就创建一个控件数组元素，其 Index 属性为 1，而已创建的第一个控件的 Index 属性值为 0。用户通过鼠标可以把新控件拖放到第一个控件的下方。

图 6.5　确认创建控件数组

④ 继续单击"粘贴"按钮（或按 Ctrl+V 组合键）和调整控件位置，可得到控件数组中的其他两个控件，其 Index 属性值分别为 2 和 3（从上而下为 0、1、2、3）。

（2）按照图 6.4 在窗体上创建其他控件。

（3）代码如下：

```
Private Sub Command1_Click()              '计算总数
    Dim sum As Long, k As Integer
    sum=0
    For k=0 To 3
        sum=sum+Val(Text1(k).Text)
    Next k
    Text2.Text=sum
End Sub
```

【例 6.8】　按图 6.6 设计窗体，其中一组（共三个）单选按钮构成控件数组，要求当单击某个单选按钮时，能够改变文本框中文字的大小。

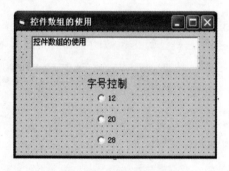

图 6.6　设计界面

设计步骤如下：

（1）设计控件数组 Option1，其中包含三个单选按钮对象，其 Index 属性值从上而下依次为 0、1 和 2。

（2）设置控件数组各元素（从上而下）的 Caption 属性分别为 12、20 和 28。

（3）创建一个文本框 Text1，其 Text 属性设置为"控件数组的使用"。再创建一个标签，其 Caption 属性为"字号控制"。

（4）代码如下：

```
Private Sub Form_Load()
    Option1(0). Value=True                    '选中第一个单选按钮
```

```
        Text1. FontSize=12                         '设定文本框中的字号
    End Sub
    Private Sub Option1_Click(Index As Integer)
        Select Case Index                          '系统提供 Index 属性值
            Case 0
                Text1. FontSize=12
            Case 1
                Text1. FontSize=20
            Case 2
                Text1. FontSize=28
        End Select
    End Sub
```

6.7　程序举例

数组是程序设计中广泛使用的一种数据结构，它可以方便灵活地组织和使用数据。数组应用的一个重要内容是查找和排序。

【例 6.9】 产生 10 个 10～100 的随机整数作为原始数据，按数值从小到大顺序排序，最后输出结果。

（1）分析：这是一个排序问题，排序的算法有很多，常用的有选择法、冒泡法、插入法和合并法等。下面采用选择法进行排序。

将 10 个数放入数组 a 中，对下标变量 a(1),a(2),a(3),…,a(10)进行排序处理。

① 第 1 轮比较。从这 10 个下标变量中，选出最小值，通过交换把该值存入 a(1)中。

② 第 2 轮比较。除 a(1)之外（a(1)已存放最小值），从其余 9 个下标变量 a(2)～a(10)中选出最小值（10 个数中的次小值），通过交换把该值存入 a(2)中。

③ 第 3 轮比较。采用上述方法，选出 a(3)～a(10)中的最小值，通过交换把该值存入 a(3)中。

④ 第 4～8 轮比较。重复上述处理过程至 a(8)，可使 a(1)～a(8)按由小到大顺序排列。

⑤ 第 9 轮比较。选出 a(9)和 a(10)中的最小值，通过交换把该值存入 a(9)中，此时 a(10)存放的就是最大值。

经过 9（即 n-1，其中 n 表示个数）轮比较后，这 10 个数就按从小到大的顺序排列好了。

（2）程序结构。完成上述比较及排序处理过程，可以采用二重循环结构，外循环的循环变量 i 从 1 到 9，共循环 9 次；内循环的循环变量 j 从 i+1 到 10。

本例采用默认的用户界面，所需数据由随机函数产生，处理后的结果通过 Print 方法直接输出在窗体上。

代码如下：

```
    Private Sub Form_Click()
        Dim a(1 To 10) As Integer
        Dim n As Integer，i As Integer，j As Integer
        Print "原始数据:"
        Randomize
        n=10                                       '个数 n 为 10
```

```
    For j=1 To n                              '产生 n 个随机数
        a(j)=Int(91 * Rnd+10)
        Print a(j);
    Next j
    Print: Print
    For i=1 To n-1                            '进行 n-1 轮比较
        For j=i+1 To n                        '在数组 i～n 个元素中选最小元素
            If a(i) > a(j) Then               'a(i)与 a(i+1)～a(n)进行比较
                t=a(i): a(i)=a(j): a(j)=t     '交换位置
            End If
        Next j
    Next i
    Print "排序结果:"
    For j=1 To   n
        Print a(j);
    Next j
End Sub
```

程序运行结果如图 6.7 所示。

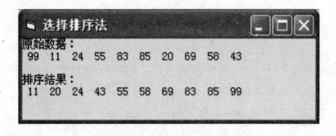

图 6.7　程序运行结果

上述程序中，从"For i=1 To n-1"至"Next i"的程序段用于实现数据的排序。也可以把这个程序段改为

```
For i=1 To n-1
    k=i                                       'k 用来记录每次选出的最小值的下标
    For j=i+1 To n
        If a(k) > a(j) Then
            k=j
        End If
    Next j
    t=a(k): a(k)=a(i): a(i)=t                  '交换位置
Next i
```

本程序段在原程序段的基础上增设一个变量 k，用来记录每次选出的最小值的下标。其目的是，不必在每发现一个小于 a(i)的 a(j)时，就使 a(i)与 a(j)换位，而只需在本次比较结束后，使 a(i)与 a(k)进行一次换位即可。

【例 6.10】　在有序的数组中插入一个数，插入后使该数组中的元素仍为有序排列。这种方法也就是插入排序法的基本方法。

（1）分析：假设数值数组 d 中各元素已按从小到大顺序排列，现要向数组插入一个指定数据 x。插入算法是：

① 找待插入数据 x 在数组中的位置 p。

② 将数组中的最后一个元素到原 p 位置的元素全部向后移动 1 个位置，即执行以下操作（n 为原有数组元素的下标上界）：

d(n+1) = d(n)

d(n) = d(n-1)

…

d(p+1) = d(p)

③ 留出第 p 个元素的位置，将 x 插入。

例如，要将 x=75 插入数组中，插入位置应为 p=6（从 0 开始算起），其操作过程如图 6.8 所示。

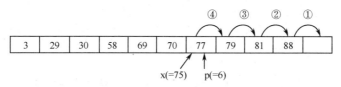

图 6.8　插入过程

插入操作后数组元素的总个数增加 1。

（2）如图 6.9 所示，在窗体上添加 2 个文本框和 1 个命令按钮。

（3）代码如下：

```
Private Sub Command1_Click()                 '插入数据
    Dim d As Variant
    Dim n As Integer, k As Integer, p As Integer
    Dim x As Integer, s As String
    d = Array(3, 29, 30, 58, 69, 70, 77, 79, 81, 88)    '原始数据
    n = UBound(d)
    s = ""
    For k = 0 To n
        s = s & Str(d(k))
    Next k
    Text1.Text = "原始数据:" & s              '显示插入前数据
    x = Val(InputBox("输入要插入的数"))        '待插入数据 x
    For p = 0 To n                          '查找 x 在数组中的位置
        If x < d(p) Then Exit For            '找到插入位置，下标为 p
    Next p
    n = n + 1
    ReDim Preserve d(n)                      '重新定义数组，保留数组中原有数据
    For k = n - 1 To p Step -1               '从后面的元素开始逐个向后移，留出位置
        d(k + 1) = d(k)
```

```
    Next k
    d(p) = x                                        '插入对应的位置
    s = ""
    For k = 0 To n
        s = s & Str(d(k))
    Next k
    Text2.Text = s                                  '显示插入后结果
End Sub
```

运行时单击"插入数据"按钮，弹出输入对话框，在对话框中输入待插入数据 75，插入数据后的结果如图 6.9 所示。

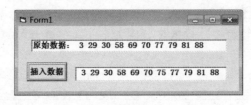

图 6.9　插入数据后的结果

下面介绍如何从数组中查找所需的数据。最常用的查找方法有两种：顺序查找法和折半查找法。

【例 6.11】 采用顺序查找法，从一批学号中查找指定学号，找到后显示学生的姓名。

（1）分析：顺序查找法就是从数组的第 1 个元素开始，根据查找的关键值与数组中的元素逐一进行比较，若相同，则查找成功；若找不到，则查找失败。顺序查找法适合于被查找数据集无序的场合。

（2）如图 6.10 所示，在窗体上创建两个标签、两个文本框和一个命令按钮。文本框 Text1 用来输入要查找学生的学号，文本框 Text2 用来显示所查到的学生姓名。

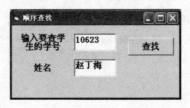

图 6.10　运行结果

（3）编写代码。

在窗体的 Load 事件过程中，通过 Array 函数输入 10 个学生学号及姓名作为原始数据，存放在数组 xh 和 xm 中。两个数组的数据对应存放，即 xh(1)及 xm(1)存放第 1 个学生的学号及姓名，xh(2)及 xm(2)存放第 2 个学生的学号及姓名……在窗体模块的声明段中声明了这两个数组变量名。

代码如下：

```
    Option Base 1                                   '在窗体模块的声明段中声明
    Dim xh As Variant, xm As Variant                '声明数组变量名 xh 和 xm
    Private Sub Form_Load()
```

```
        xh=Array("11203", "11205", "10523", "11187", "11402", "11513", "11207", _
                                        "10623", "11360", "11437")

    xm=Array("张明", "吴兵", "胡小敏", "黄力", "李玉标", "宋英", "林清", _
                                        "赵丁海", "王民", "张南")

End Sub
Private Sub Command1_Click()                    '查找
    Dim key As String, flag As Integer, k As Integer, n As Integer
    flag=0                                      '查找标志，0 表示未找到
    n=10
    key=Text1.Text                              '要查找的学生的学号，即查找的关键值
    For k=1 To n
        If key=xh(k) Then                       '关键值与数组中的元素逐一进行比较
            Text2.Text=xm(k)                    '找到时，显示学生的姓名
            flag=1                              '1 表示找到
            Exit For
        End If
    Next k
    If flag=0 Then
        Text2.Text="无此学号！"
    End If
    Text1.SetFocus                              '设置焦点
End Sub
```

运行程序，输入学号"10623"，单击"查找"按钮，运行结果见图6.10。

【例6.12】 采用折半查找法，从一批学号中查找指定学号，找到后显示学生的成绩。

（1）分析：折半查找法也称二分查找法，是一种效率较高的查找方法。对于大型数组，它的查找速度比顺序查找法要快得多。在采用折半查找法之前，要求将数组按查找关键值（如学号、职工号等）排好序（如从小到大）。

折半查找法的过程是：先从数组中间开始比较，判别中间的那个元素是不是要找的数据，若是，则查找成功。否则，判断被查找的数据是在该数组的上半部还是下半部。如果是上半部，则再从上半部的中间继续查找，否则从下半部的中间继续查找。若用变量 top、bott 分别表示每次"折半"的首位置和末位置，则中间位置为：

        m=Int((top+bott)/2)

这样就将[top,bott]分成两段，即[top,m-1]和[m+1,bott]，若要找的数据小于由 m 指示的数据，则该数据在[top,m-1]范围内；反之，则在[m+1,bott]范围内。照此进行下去，直到找到目标数据或top>bott 时结束查找（top>bott 时表示找不到）。

每进行一次折半查找，查找数据的个数就减少一半。

如下一组有序数，其首位置 top 和末位置 bott 的初值分别为 1 和 10，m 第 1 次取值 5。假设待查找的数据为 key=46，则使用折半查找法的过程如图 6.11 所示。

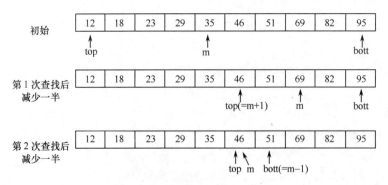

图 6.11　使用折半查找法的过程

（2）如图 6.12 所示，在窗体上创建两个标签、两个文本框和一个命令按钮。文本框 Text1 用来输入要查找的学生的学号，文本框 Text2 用来显示查到的学生的成绩。

（3）编写代码。

在窗体的 Load 事件过程中，通过 Array 函数输入 10 个学生学号及成绩的原始数据，存放在数组 xh 和 cj 中。两个数组的数据对应存放，即 xh(1) 及 cj(1) 存放第 1 个学生的学号及成绩，xh(2) 及 cj(2) 存放第 2 个学生的学号及成绩……在窗体模块的声明段中声明了这两个数组变量名。

数组 xh() 中的学号（查找的关键值）按值从小到大排好序，因此可以直接采用折半查找法。

代码如下：

```
Option Base 1                          '在窗体模块的声明段中声明
Dim xh As Variant, cj As Variant       '声明数组变量名 xh 和 cj
Private Sub Form_Load()
    xh=Array("10523", "10623", "11187", "11203", "11205", "11207", "11360", _
                      "11402", "11437", "11513")
    cj=Array(84, 93, 73, 69, 56, 79, 64, 91, 86, 72)
End Sub
Private Sub Command1_Click()           '查找
    Dim key As String, flag As Integer, m As Integer, top As Integer, bott As Integer
    flag=0                             '查找标志，0 表示未找到
    top=1: bott=10                     '初值
    key=Text1.Text                     '要查找的学生的学号，即查找的关键值
    Do While top <=bott
        m=Int((top+bott) / 2)          '取中点
        Select Case True
            Case key=xh(m)             '找到
                flag=1                 '设置找到标志
                Text2.Text=cj(m)       '显示学生的成绩
                Exit Do
            Case key < xh(m)           '若小于中间数据
                bott=m-1               '上半部
            Case key > xh(m)           '若大于中间数据
                top=m+1                '下半部
```

```
        End Select
    Loop
    If flag=0 Then                    'flag=0 表示找不到
        Text2.Text="无此学号！"
    End If
    Text1.SetFocus                    '设置焦点
End Sub
```

运行程序，输入学号"11437"，单击"查找"按钮，运行结果如图 6.12 所示。

图 6.12　运行结果

习题 6

一、单选题

1. 假设已经使用了语句 Dim a(3,5)，以下（　　）是不合法的数组元素表示法。
   A．a(1, 1)　　　　B．a(2-1, 2*2)　　　　C．a(3, 1.4)　　　　D．a(-1, 3)

2. 下列语句所定义的数组元素的个数为（　　）。
   Dim Ary(3 To 6, -2 To 2)
   A．20　　　　　　B．16　　　　　　　C．24　　　　　　D．25

3. 下列程序段的输出结果是（　　）。
   ```
   Dim d(0 To 2) As Integer
   For k=0 To 2
       d(k)=k
       If k < 2 Then d(k)=d(k)+3
       Print d(k);
   Next k
   ```
   A．4 5 6　　　　　B．3 4 2　　　　　　C．3 2 1　　　　　D．3 4 5

4. 在窗体上有一个命令按钮 Command1，并编写如下代码：
   ```
   Option Base 0
   Private Sub Command1_Click()
       Dim A(4) As Integer，B(4) As Integer
       For k=0 To 2
           A(k+1)=InputBox("请输入一个整数")
           B(3 - k)=A(k+1)
       Next k
       Print B(k)
   End Sub
   ```

程序运行后，单击命令按钮，在输入框中分别输入 2，4，6，输出结果为（　　　）。

  A. 0   B. 1   C. 2   D. 3

5. 执行下列程序段，在消息框中显示（　　　）。

```
Option Base 1
Private Sub Command1_Click()
    Dim d
    d=Array(1,2,3,4,5)
    n=1
    For k=5 To 3 Step -1
        s=s+d(k) * n
        n=n * 10
    Next k
    MsgBox s
End Sub
```

  A. 123   B. 234   C. 345   D. 112

6. 若窗体中已经有若干不同的单选按钮，要把它们改为一个单选按钮数组，在属性窗口中需要且只需要进行的操作是（　　　）。

  A. 把所有单选按钮的 Index 属性都改为相同值

  B. 把所有单选按钮的 Index 属性都改为连续的不同值

  C. 把所有单选按钮的 Caption 属性都改为相同值

  D. 把所有单选按钮都改为相同名称，且把它们的 Index 属性改为连续的不同值

7. 在窗体（Form1）上创建了一个命令按钮数组，数组名为 Com1。请在下面空白处填入合适的内容，使之单击任一个命令按钮时，将该按钮的标题作为窗体标题。

```
Private Sub Com1_Click(Index As Integer)
    Form1.Caption=____
End Sub
```

  A. Com1(Index).Caption   B. Com1.Caption(Index)

  C. Com1.Caption   D. Com1(Index+1).Caption

8. 使用语句 "Dim t(5) As Integer" 声明数组 t 之后，以下叙述中正确的是（　　　）。

  A. t 数组中的所有元素值都为 0

  B. t 数组中的所有元素值都为空字符串

  C. t 数组中的所有元素值都不确定

  D. 使用 ReDim 语句可以改变数组 t 的维数

9. 以下叙述中正确的是（　　　）。

  A. 使用 ReDim 语句可以改变数组的类型

  B. 使用 ReDim 语句将释放动态数组所占的存储空间

  C. 使用 ReDim 语句可以保留动态数组中原有的内容

  D. 使用 Erase 语句将释放静态数组所占的存储空间

二、填空题

1. 设有数组声明语句：

    Option Base 1

    Dim d(3, -1 To 2)

以上语句所定义的数组 d 为_____维数组，共有_____个元素，第一维下标从_____到_____，第二维下标从_____到_____。

2. 执行下列程序段，输出结果是_____。

    Dim a(4, 4)

    For i=1 To 4

        For j=1 To 4

            a(i, j)=Abs(i - j)

            Print a(i, j);

        Next j

        Print

    Next i

3. 要将 Weekday 函数返回的数字转换为对应的汉字，如显示为星期日、星期一等。请将程序补充完整。

    Dim w As ___(1)___, x As Integer

    w = Array("日", "一", "二", "三", "四", "五", "六")

    x = Weekday(Date)

    MsgBox ("今天是星期" & ___(2)___)

4. 控件数组的名称由_____属性指定，而数组中每个元素的索引值由_____属性指定。

5. 删除数组元素。生成 10 个 1～99 的随机整数作为原始数据，存于数组 d 中，然后删除指定位置的数组元素。如果指定位置小于 1 或大于数组元素的个数，则不执行删除操作。将删除前、后的数组元素分别显示在两个文本框中。将本题程序补充完整。

【提示】 删除指定位置 p 的数组元素，只要从 p+1 位置的元素到最后一个元素全部向前移动一个位置，删除操作后数组元素的总个数减 1。为了适应多次删除的需要，允许改变数组元素的个数，因此将数组 d 设置为动态数组。

本题程序中，文本框 Text1 用于显示原数组元素，文本框 Text3 用于显示删除后的数组元素。删除的位置 p 由文本框 Text2 输入。

代码如下：

```
Dim n As Integer, d() As Integer          '在窗体模块的声明段中声明动态数组 d，n 为下标上界
Private Sub Form_Load()
    Text1. Text=""
    n=10                                  'n 的初值为 10
    ReDim d(n)                            '定义动态数组
    For k=1 To n
        d(k)=Int(Rnd * 99+1)
        Text1. Text=Text1. Text & Str(d(k))   '数组中数据显示在 Text1 中
    Next k
```

```
            End Sub
            Private Sub Command1_Click()
                Text4. Text=""
                pos=Val(Text3. Text)                    '删除的位置
                If pos < 1 Or pos > n Then Exit Sub     '若 pos 超界，则不执行删除操作，退出本事件过程
                For k=pos To ____(1)____                 '从 pos+1 位置的元素开始逐个向前进行移动操作
                    ____(2)____
                Next k
                n=n－1                                   '将下标上界（即数组元素的总个数）减 1
                ____(3)____                              '重新分配动态数组，保持数组中原有数据
                For k=1 To n
                    Text4. Text=Text4. Text & Str(d(k))  '删除后结果显示在 Text4 中
                Next k
            End Sub
```

6. 设在窗体上有一个标签 Label1 和一个文本框数组 Text1，数组 Text1 有 10 个文本框，索引号 0～9，其中存放的都是数字字符数据。现由用户单击选定任一个文本框，然后计算从第一个文本框开始，到该文本框为止的多个文本框中的数值总和，把计算结果显示在标签中，请完成下列事件过程。

```
            Private Sub Text1_Click(Index As Integer)
                Dim s As Single
                s=0
                For k=____(1)____
                    s=s+____(2)____
                Next k
                Label1. Caption=s
            End Sub
```

上机练习6

1. 某学生编写了如下程序，通过随机函数生成 10 个正整数，存放在数组中，然后查找这 10 个数中的最小数及其位置（下标）。

```
            Private Sub Command1_Click()
                Dim a(10) As Integer, min As Integer, pos As Integer
                Randomize
                For i=1 To 10
                    a(i)=Int(Rnd * 90+10)
                    Print a(i);
                Next i
                Print
                min=a(1)
                pos=0
```

```
            For k=2 To 10
                    If a(k) < min Then
                            min=a(k)
                    End If
                    pos=k
            Next k
            Print "最小数:"; min, "位置:"; pos
    End Sub
```

运行程序后会发现，在大多数情况下，程序显示的最小数位置是错的，程序需要修改。请从下面修改方案中选择一个或多个正确选项，并上机验证修改后的程序。

  A．把 min=a(1)改为 min=0

  B．把 pos=0 改为 pos=1

  C．把 If a(k)<min Then 改为 If a(k)>min Then

  D．把 pos=k 与 End If 的位置互换

2．从键盘输入若干个职工的工资，计算出平均工资，输出高于平均工资的职工的序号（输入的顺序号）及工资，输入-1 时结束输入。完成下列程序，并上机调试。

```
    Private Sub Form_Click()
            Dim sal(100) As Single, n As Integer, k As Integer
            Dim x As Single, sum As Single, aver As Single
            n = 0: sum = 0
            Do While True
                    x = Val(InputBox("输入职工的工资(-1 表示结束输入)"))
                    If x = -1 Then     (1)
                    n =     (2)
                    sal(n) =     (3)
                    sum =     (4)
            Loop
            aver = sum / n
            Print Space(5); "高出平均工资的职工名单"
            Print "序号", "工资"
            For k = 1 To n
                    If sal(k) > aver Then
                            Print k, sal(k)
                    End If
            Next k
            Print: Print "平均工资: "; Format(aver, "####.##")
    End Sub
```

3．设有如下两组数：

第 1 组：3,4,2,1,5,7,8,11,13

第 2 组：10,6,12,9,13,8,8,1,16

设计一个程序，使用 Array 函数将上述两组数分别读入两个一维数组 a 和 b 中，然后将这两

个数组中对应的元素相加，其结果放入第三个数组 c 中（c 也是一维数组），最后输出数组 c 中的数据。

4．生成 12 个 5～50 范围内的随机整数，保存到数组中，然后将数组两端的元素对调，即将第 1 个元素与第 12 个元素对调，将第 2 个元素与第 11 个元素对调……分别输出对调前、后的数组元素。

5．随机产生 64 个[10,99]区间的整数，存放在 8×8 数组中，然后找出该数组中最大值的元素，并输出其值及行号和列号（行号和列号都从 1 算起）。将输出结果显示在一个标签 Label1 中，运行界面如图 6.13 所示。

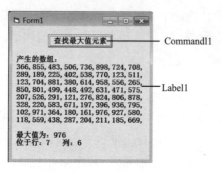

图 6.13　运行界面

6．编写程序，用数组创建一个 8×8 的矩阵，数组元素值是 10～99 的随机整数，求解下列问题并输出结果：

（1）求所有元素之和；

（2）求各行元素之和；

（3）求主对角线元素之和；

（4）求所有靠边元素之和。

7．在窗体 WinForm1 中创建一个单选按钮组 Opt1 和一个命令按钮 Cmd1，单选按钮组包含三个单选按钮，其标题分别为"单选 1"、"单选 2"和"单选 3"，下标分别为 0、1 和 2。初始时，"单选 2"单选按钮被选中，以后每次单击命令按钮时，依次选中一个单选按钮。

8．产生 20 个互不相同的随机两位数，输出在多行文本框中，每行显示 5 个数据，如图 6.14 所示。

分析：利用随机函数产生随机数时，不可避免会出现重复的数。为了得到互不相同的数，可以采用以下方法：每当产生一个新数时，用此数与之前所得到的数逐一进行比较，若前面没有相同的数，则将此数存入数组；若前面已有相同的数，则将此数丢弃。然后再产生一个新数，继续进行比较，其余类推。

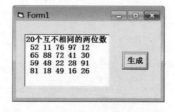

图 6.14　运行界面

完成下列程序，并上机调试。

```
Private Sub Command1_Click()                    '生成
    Dim a(20) As Integer, k As Integer
    Dim j As Integer, s As String
    Randomize
    a(1)= Int(10 + 90 * Rnd())                  '第 1 个数，不用比较
    k = 1
    Do While k < 20
        x = Int(10 + 90 * Rnd())
        For j = 1 To k
            If x = a(j) Then Exit For           '找到已有相同的数则退出
        Next j
        If j > k Then                           '循环判断后，若 j>k，则说明不存在相同的数
            ___(1)___
            ___(2)___
        End If
    Loop
    s = "20 个互不相同的两位数" & vbCrLf
    For j = 1 To 20
        s = s & Str(a(j))
        If ___(3)___ Then s = s & vbCrLf
    Next j
    Text1.Text = s
End Sub
```

第 7 章 过 程

过程是程序中一个相对独立的程序段，可用于完成某种特定功能。过程有两个重要作用：一是把一个复杂的任务分解为若干小任务，用过程来表达，从而使任务更易理解、实现和维护；二是代码重用，使同一段代码可多次复用。

VB 有两大类过程：事件过程和通用过程。前面学习的都是事件过程。事件过程是当某个事件发生时，对该事件做出响应的程序段，它是 VB 应用程序的主体。本章主要介绍通用过程。

7.1 通用过程

有时，多个不同的事件过程要用到一段相同的代码（执行相同的任务），为了避免代码的重复，可以把这段代码独立出来，作为一个过程，这样的过程称为"通用过程"。通用过程独立于事件过程之外，可供事件过程或其他通用过程调用。

通用过程一般由编程人员创建，它既可以保存在窗体模块中，也可以保存在标准模块中。通用过程与事件过程不同，它不依附于某个对象，也不是由对象的某个事件驱动和由系统自动调用的，而是必须被调用语句（如 Call 语句）调用才起作用。通用过程也称为"子过程"，可以被多次调用，这个过程称为主调过程（或调用过程）。

图 7.1 是一个过程调用的示例。主调过程在执行过程中，首先遇到"Call SubA"语句，于是转到子过程 SubA 的入口处去执行。执行完子过程 SubA 之后，返回主调过程的调用语句处继续执行随后的语句。执行过程中再次遇到"Call SubA"语句，于是再次进入子过程 SubA 去执行，执行完后返回调用处继续执行其后的语句。同样，遇到"Call SubB"语句时，转到子过程 SubB 中去执行，执行完子过程 SubB 后返回调用处，继续执行其后的语句。

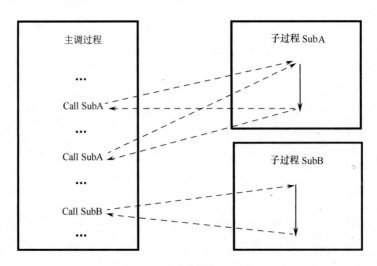

图 7.1 过程调用示意

在 VB 中，通用过程分为两类：Sub（子程序）过程和 Function（函数）过程。Sub 过程和 Function

过程的相似之处是，它们可以全部被调用，是一个可以获取参数，执行一系列语句，并能够改变其参数值的独立过程。它们的主要不同点是，Sub 过程不返回值，因此 Sub 过程不能出现在表达式中，且不具有数据类型；而 Function 过程具有一定的数据类型，能够返回一个相应数据类型的值，可以像变量一样出现在表达式中。

7.1.1　Sub 过程

为使读者对使用 Sub 过程有一个初步认识，先举一个简单例子。

【例 7.1】　Sub 过程示例。

代码如下：

```
Private Sub Form_Click()
    Call Mysub1(30)
    Call Mysub2
    Call Mysub2
    Call Mysub2
    Call Mysub1(30)
End Sub
Private Sub Mysub1(n As Integer)
    Print String(n, "*")                    '输出连续 n 个 "*" 号
End Sub
Private Sub Mysub2()
    Print "*"; Tab(30); "*"                 '输出头尾各一个 "*" 号
End Sub
```

运行结果如图 7.2 所示。

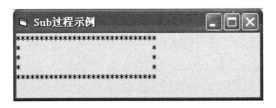

图 7.2　运行结果

在上述 Form_Click 事件过程中，通过 Call 语句分别调用两个 Sub 过程。在过程 Mysub1(n)中，n 为参数（也称为形参），当主调过程通过 Call Mysub1(30)（30 为实参）调用它时，就把 30 传给 n。这样，调用后输出 30 个 "*" 号。过程 Mysub2()不带参数，其功能是输出左右两边的 "*" 号。

1．Sub 过程的定义

定义 Sub 过程的语法格式如下：

```
[Private|Public|Static]Sub  过程名([参数表])
    语句组
    [Exit Sub]
End Sub
```

说明：

（1）如果选用 Private（私有的），只有该过程所在模块（如窗体模块）中的过程才能调用该过程；如果选用的是 Public（公用的），表示在应用程序中的任何地方都可以调用该 Sub 过程。系统默认为 Public。

（2）如果选用 Static，表示 Sub 过程中的局部变量是静态变量，在过程中被调用后，其值仍然保留。如果不用 Static 属性，则局部变量是动态的（或称自动的），即每次调用 Sub 过程时，局部变量的初值为零值（或空字符）。关于局部变量的概念见 7.4.3 节。

（3）参数表用来指明从主调过程传递给 Sub 过程的参数个数及类型。参数表内的参数又称为形式参数，其定义格式如下：

　　　　[ByVal | ByRef] 变量名 [()][As 数据类型]…

其中，ByVal 表示该参数按值传递，ByRef 表示该参数按地址传递，默认为 ByRef。ByVal 和 ByRef 的含义将在 7.2.2 节中介绍。

（4）Sub 过程可以获取主调过程传送的参数，也能通过参数表的参数，把计算结果传回给主调过程。

（5）通用过程不能嵌套定义。也就是说，在 Sub（或 Function）过程内不能定义 Sub（或 Function）过程，但可以嵌套调用。

2．Sub 过程的创建

Sub 过程可以在窗体模块（.Frm）中创建，也可以在标准模块（.Bas）中创建。

（1）在窗体模块中创建 Sub 过程，可以在代码窗口中完成。打开代码窗口后，在对象框中选择"通用"项，然后输入 Sub 过程头，例如，输入 Sub Mysub1(n)，按回车键后，窗口内显示：

　　　　Sub Mysub1(n)

　　　　End Sub

此时即可在 Sub 和 End Sub 之间输入代码。

用户也可以在代码窗口中直接输入代码来创建 Sub 过程。

（2）在标准模块中创建 Sub 过程，操作方法是：选择"工程"菜单中的"添加模块"命令，打开"添加模块"对话框；再选择"新建"或"现存"选项卡，新建一个标准模块或打开已有的一个标准模块。此后就可以在模块代码窗口中编辑 Sub 过程了。编辑完成后保存标准模块文件（.bas）。

（3）在编辑 Sub 过程之前，还可以采用以下方法来创建 Sub 过程模板：选择"工具"菜单中的"添加过程"命令，打开如图 7.3 所示的对话框；再输入过程名称，从"类型"组中选中"子程序"单选项（若要创建 Function 过程，应选"函数"），从"范围"组中选中"公有的"（相当于 Public）或"私有的"（相当于 Private）单选项；最后确认，即可创建 Sub 过程框架和进行代码编辑。

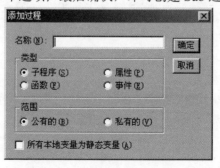

图 7.3　"添加过程"对话框

3. Sub 过程的调用

事件过程是通过事件驱动和由系统自动调用的，而 Sub 过程则必须通过调用语句实现。

调用 Sub 过程有以下两种方法。

（1）使用 Call 语句。格式如下：

  Call 过程名[(实参表)]

（2）直接使用过程名，即把过程名作为一个语句来使用，格式如下：

  过程名 [实参表]

例如，以下两个语句都可以调用名为 Mysub1 的过程：

  Call Mysub1(10)

  Mysub1 10

说明：① 在实参表中，当有多个实参时，应用逗号分隔。

② 第（1）种方法用 Call 调用 Sub 过程时，实参表必须用圆括号括起来；第（2）种方法调用 Sub 过程时，实参表不能用圆括号括起来，但过程名与实参表之间要加一个空格。

【例 7.2】 计算 5!+10!。

因为计算 5! 和 10! 都要用到阶乘 $n!(n!=1\times2\times3\times\cdots\times n)$，所以把计算 n! 编成 Sub 过程。

代码如下：

```
Private Sub Form_Click()
    Dim y As Long, s As Long
    Call Jc(5, y)
    s=y
    Call Jc(10, y)
    Print "5!+10!="; s+y
End Sub
Sub Jc(n As Integer, t As Long)
    Dim i As Integer
    t=1
    For i=1 To n
        t=t * i
    Next i
End Sub
```

程序运行结果如下：

  5!+10!=3628920

在上述事件过程 Form_Click 中，通过 Call Jc(5,y) 和 Call Jc(10,y) 来分别计算 5! 和 10!。Sub 过程 Jc(n,t) 设置了两个参数 n 和 t。n 表示阶数，实际值是由主调过程赋给的。t 保存计算结果（n 的阶乘值），它通过第 2 个参数传回给主调过程。

当使用 Call 调用 Sub 过程 Jc 时，必须事先提供所需的参数值（如 5、10），从 Sub 过程返回时，可以得到计算结果（存放在 y 中）。

7.1.2　Function 过程

VB 系统中提供了许多内部函数，如 Sin、Cos、Int 等，它们的处理程序存放在 VB 系统程序之中，用户需要时可直接调用。但这只是一般常用的函数，还不能满足使用者的需要，为此 VB 允许用户使用 Function 语句编写 Function 过程（又称函数过程）。Function 过程与内部函数一样，可以在程序中使用。

1．Function 过程的定义

Function 过程是通用过程的另一种形式，它与 Sub 过程不同的是，Function 过程可直接返回一个值给主调过程。定义 Function 过程的一般语法格式如下：

[Private|Public|Static] Function 函数名([参数表])[As 数据类型]

  语句组

  [函数名=表达式]

  [Exit Function]

End Function

说明："表达式"的值是函数的返回值。如果在 Function 过程中省略"函数名=表达式"，则该过程返回一个默认值（数值函数过程返回 0，字符串函数过程返回空字符串）。语法中其他部分的含义与 Sub 过程相同。

2．Function 过程的创建

Function 过程可以在窗体模块中创建，也可以在标准模块中创建，其操作方法与 Sub 过程类似。

【例 7.3】 将例 7.2 中求 n 阶乘值的 Sub 过程改成 Function 过程，实现同样的功能。

分析：在例 7.2 中，因为 Sub 过程名不能返回值，所以需要在参数表中引入另一个参数 t 来返回阶乘值。如果改成用 Function 过程实现，则阶乘值可由函数名返回，因此只需要设置一个参数 n。

代码如下：

```
Private Sub Form_Click()
    Dim s As Long
    s=jc(5)+jc(10)                    '把函数作为表达式的一部分进行调用
    Print "5!+10!="; s
End Sub
Function jc(n As Integer) As Long    '返回值的数据类型为 Long
    Dim i As Integer, t As Long
    t=1
    For i=1 To n
      t=t * i
    Next i
    jc=t                             '返回值赋给函数名
End Function
```

从上述例子中读者可以看到 Sub 过程与 Function 过程在定义和调用上的区别。

【例 7.4】 输入三个数，求出它们的最大数，要求将两个数中的大数编写成 Function 过程，过程名为 Max。

本例采用 InputBox 函数输入三个数，判断出最大数后采用 Print 直接输出在窗体上。

代码如下：

```
Private Sub Form_Click()
    Dim a As Single, b As Single, c As Single, s As Single
    a=Val(InputBox("输入第一个数"))
    b=Val(InputBox("输入第二个数"))
    c=Val(InputBox("输入第三个数"))
    s=Max(a, b)
    Print "三个数中的最大数是:"; Max(s, c)
End Sub
Function Max(m As Single, n As Single) As Single
    If m > n Then
        Max=m
    Else
        Max=n
    End If
End Function
```

3．Function 过程的调用

调用 Function 过程的方法与调用 VB 内部函数的方法类似，一般调用格式如下：

```
函数过程名([实参表])
```

功能：按实参表指定的参数调用已定义的函数过程。

例如：

```
s=Max(a,b)
Print Max(s,c)
```

4．查看过程

通用过程是程序中的公共代码段，可供各事件过程调用，因此编写程序时经常要查看当前模块或其他模块中有哪些通用过程。

要查看当前模块中有哪些通用过程，可以在代码窗口的对象框中选择"通用"项，此时在过程框中会列出现有过程的名称。

如果要查看的是其他模块中的过程，可以选择"视图"菜单中的"对象浏览器"命令；然后在"对象浏览器"对话框中，从"工程/库"列表框中选择"工程"选项，从"类/模块"列表框中选择"模块"选项，此时在"成员"列表框中会列出该模块拥有的过程。

7.2　参数传递

调用过程时可以把数据传递给过程，也可以把过程中的数据传递回来。这些数据也称为过程参数。编制一个过程时，需考虑主调过程和被调过程之间的参数是如何传递的，并完成形式参数与实际参数的结合。参数传递有两种方式：按值传递和按地址传递。

7.2.1　形参与实参

形式参数（简称形参）是被调过程中的参数，出现在 Sub 过程和 Function 过程中，形式参数可以是变量名和数组名。

实际参数（简称实参）是主调过程中的参数。在过程调用时，实参数据会传递给形参。

形参表和实参表中的对应变量名可以不同，但实参和形参的个数、顺序及数据类型必须相同。以下是一个定义过程和主调过程的示例：

定义过程：Sub Mysub(t As Integer, s As String, y As Single)

主调过程：Call Mysub(100, "计算机", 1.5)

"形实结合"是按照位置结合的，即第 1 个实参值（100）传送给第 1 个形参 t，第 2 个实参值（"计算机"）传送给第 2 个形参 s，第 3 个实参值（1.5）传送给第 3 个形参 y。

7.2.2　按地址传递与按值传递

参数传递有两种方式：按地址传递和按值传递。

1．按地址传递

按地址传递参数（关键字 ByRef）是指系统将实参的地址传递给形参，使形参与实参具有相同的内存地址。这就意味着，形参和实参共享相同的内存空间。这样，在被调过程中对形参的任何操作都变成了对相应实参的操作，如果形参的值改变了，实参的值也随之改变。

采用按地址传递参数时，实参必须是变量，不能采用常量或表达式。

按地址传递是系统默认的参数传递方式，它可以实现主调过程和被调过程之间数据的双向传递。

2．按值传递

当调用一个过程时，按值传递参数（关键字 ByVal）是指系统将实参的值传递给形参，然后实参与形参就断开了联系，在被调过程中对形参的任何操作，都不会影响所对应的实参的值。因此，数据的传递是单向的。

当实参为常量或表达式时，则按值传递方式。

【例 7.5】　参数传递方式示例。

本例中设置两个通用过程 Test1 和 Test2，分别按值传递和按地址传递。采用 Print 直接在窗体上输出信息，代码如下：

```
Private Sub Form_Click()
    Dim x As Integer
    x=5
    Print "执行 Test1 前,x="; x
    Call Test1(x)
    Print "执行 Test1 后,Test2 前,x="; x
    Call Test2(x)
    Print "执行 Test2 后,x="; x
End Sub
Sub Test1(ByVal t As Integer)
```

```
    t=t+5
End Sub
Sub Test2(s As Integer)
    s=s-5
End Sub
```

运行结果如下：

    执行 Test1 前，x=5

    执行 Test1 后，Test2 前，x=5

    执行 Test2 后，x=0

调用 Test1 过程时，是按值传递参数的，因此在过程 Test1 中对形参 t 的任何操作都不会影响实参 x。调用 Test2 过程时，是按地址传递参数的，因此在过程 Test2 中对形参 s 的任何操作都变成对实参 x 的操作，当 s 值改为 0 时，实参 x 的值也随之改变。

上述两种参数传递方式各有特点。采用按地址传递方式能传入和传出参数值，某些情况下传递效率比按值传递方式高；采用按值传递方式只能从外部向过程传入值，但不能传出。正是由于不能传出，按值传递方式中形参的变化不会影响实参，这样可以减少各过程间的关联，提高程序的可靠性和便于调试。

那么，何时使用按值传递，何时使用按地址传递呢？一般来说，需要过程通过形参返回值时应该使用按地址传递，否则使用按值传递。

7.2.3　数组参数的传递

数组也可以作为过程的参数，定义形参数组的格式为：

    ByRef 形参数组名()[As 数据类型]

说明：

（1）过程传递数组只能按地址方式（ByRef）进行传递，即形参数组与实参数组实际上是同一个数组，占用相同的存储空间。

（2）将数组作为过程的形参和实参时，必须写成数组名和空圆括号()的形式，但不能带有下标，如写成"ByRef a()"而不能写成"ByRef a(10)"。

（3）被调过程可通过 LBound 函数和 UBound 函数确定实参数组的下界和上界。

【例 7.6】　数组作为参数的示例。

编写一个 Function 过程 Fnsum，求任意一维数值数组中各元素的 n 次方之和。调用该过程并输出结果。

代码如下：

```
Function Fnsum(ByRef y() As Single, ByVal n As Integer) As Single        'y()为形参数组
    Dim s As Single, k As Integer
    s = 0
    For k = LBound(y) To UBound(y)
        s = s + y(k) ^ n
    Next k
    Fnsum = s
End Function
Private Sub Form_Click()
```

```
Dim x(10) As Single, n As Integer, k As Integer
Randomize
For k = 0 To 10
    x(k) = Int(Rnd * 50)                          '用随机数作为数组的原始数据
Next k
n = 3                                             '求 3 次方
Print Fnsum(x(), n)                               '调用函数过程 Fnsum，其中 x()为实参数组
End Sub
```

7.3　嵌套调用

在一个过程中调用另外一个过程，称为过程的嵌套调用。也就是说，某个事件过程可以调用某个过程，这个过程又可以调用另外一个过程，这种程序结构称为过程的嵌套。

【例 7.7】　输入两个数 n 和 m，求组合数 $C_n^m = n! / [m!(n-m)!]$ 的值。

代码如下：

```
Private Sub Form_Click()
    m=Val(InputBox("输入 m 的值"))
    n=Val(InputBox("输入 n 的值"))
    If m > n Then
        MsgBox "输入数据错误", 0, "检查错误"
        End
    End If
    Print "组合数是:"; Calcomb(n, m)
End Sub
Private Function Calcomb(n As Single, m As Single)
    Calcomb=Jc(n) / (Jc(m) * Jc(n - m))
End Function
Private Function Jc(x As Single)
    t=1
    For i=1 To x
        t=t * i
    Next i
    Jc=t
End Function
```

程序中采用了过程的嵌套调用方式。在事件过程 Form_Click 中调用了 Calcomb 过程，在 Calcomb 过程中调用了 3 次 Jc 过程。

7.4　过程、变量的作用域

VB 应用程序由若干过程组成，在过程中会用到变量。一个过程、变量随所处位置及定义方式

不同，可被访问的范围也不同。过程、变量可被访问的范围称为过程、变量的作用域。

7.4.1　代码模块的概念

VB 应用程序的组成如图 7.4 所示。VB 将代码存放在 3 种不同的模块中：窗体模块（Form）、标准模块（Module）和类模块（Class）。这些模块分别保存在具有特定类型名.frm、.bas 和.cls 的文件中。

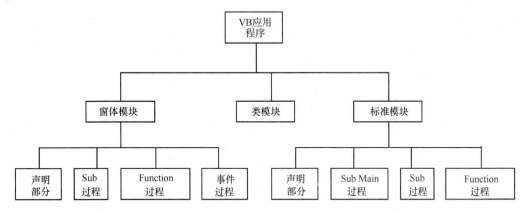

图 7.4　VB 应用程序的组成

（1）窗体模块。一个 VB 应用程序包含一个或多个窗体模块，每个窗体模块分为两部分，一部分是作为用户界面的窗体，另一部分是执行具体操作的代码。窗体模块可以包括事件过程、通用过程（Sub 过程和 Function 过程）及变量声明部分，这些部分可连同窗体一起存入窗体文件（.frm）。

（2）标准模块。当一个应用程序中有多个模块需要调用某个通用过程时，就需要创建一个标准模块，在该标准模块中创建通用过程。一个应用程序中可以创建一个或多个标准模块。在标准模块中，可以声明全局变量、定义通用过程和 Sub Main 过程（见 7.5.2 节）。默认情况下，标准模块中的代码是公有的（Public），任何模块中的事件过程或通用过程都可以访问它。

注意：标准模块中不能包含事件过程，事件过程只能出现在窗体模块中。

在工程中添加标准模块的步骤是：选择"工程"菜单中的"添加模块"命令，然后在"添加模块"对话框中双击"模块"图标，即可创建一个标准模块 Module。

（3）类模块。类模块主要用来定义类和创建 ActiveX 组件。限于篇幅，本书不介绍类模块的有关内容。

7.4.2　过程的作用域

过程的作用域分为：模块级和全局级。根据使用的关键字不同，过程有不同的作用域。

（1）模块级过程。在窗体模块或标准模块中用关键字 Private 定义的过程，其作用域仅仅是其所在的模块（窗体模块或标准模块），在其他模块中无效。

（2）全局级过程。在窗体模块或标准模块中用关键字 Public（或省略关键字）定义的过程，其作用域是整个应用程序的所有模块。

当全局级过程在窗体模块中定义时，在其他模块中调用时要指出窗体模块的名字，即"窗体模块名.全局级过程名[(实参表)]"；当全局级过程在标准模块中定义时，在其他模块中可以直接调用。

7.4.3 变量的作用域

变量的作用域是指变量有效的范围。定义一个变量时，为了能正确地使用变量的值，应当明确在程序的什么地方可以访问该变量。

按照变量的作用域不同，可以将变量分为局部变量、模块级变量和全局变量。

1．局部变量

在一个过程内部用 Dim 或 Static 声明的变量称为局部变量。这种变量只能在本过程中有效。在一个窗体中可以包括许多过程，在不同过程中定义的局部变量可以同名，因为它们是互相独立的。例如，在一个窗体中定义：

```
Private Sub Command1_Click()
    Dim Count As Integer
    Dim Sum As Single
    …
End Sub
Private Sub Command2_Click()
    Dim Sum As Integer
    …
End Sub
```

在 Command1_Click 事件过程中定义了局部变量 Count 和 Sum，它们只能在本过程中使用。虽然 Command2_Click 事件过程也定义了局部变量 Sum，但这两个同名变量 Sum 没有任何联系。

2．模块级变量

模块级变量指在模块（窗体模块或标准模块）的通用声明段中用 Dim 或 Private 语句声明的变量。模块级变量的作用范围为其定义位置所在的模块，可以被本模块中的所有过程访问。

如图 7.5 所示为声明窗体模块级变量的示例。

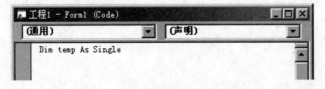

图 7.5　声明窗体模块级变量

如果还允许在其他窗体和模块中引用本模块的变量，则必须以 Public 来声明该变量，例如：

```
Public a As Integer                       '假设本窗体为 Form1
```

这样，在另一个窗体（如 Form2）或模块中就可以用 Form1.a 来引用该变量 a 了。

3．全局变量

全局变量的作用范围为应用程序的所有过程，可以在应用程序的所有过程中使用。全局变量要在标准模块的通用声明段中用 Global 或 Public 语句来声明。语法格式如下：

```
Global  变量名  As  数据类型
Public  变量名  As  数据类型
```

此外，在标准模块的通用声明段中，使用 Public Const 语句可以定义全局性符号常量。例如：

    Public Const MIN As Integer=−1　　　　　　　　　'定义全局性符号常量 MIN

7.4.4　变量的生存期

变量除作用范围外，还有作用时间（生存期），也就是变量能够保持其值的时间。根据变量的生存期，可以将变量分为动态变量和静态变量。

1．动态变量

动态变量是指程序运行进入变量所在的过程时，才分配该变量内存单元。当退出该过程时，该变量占用的内存单元自动释放，其值消失。当再次进入该过程时，所有的动态变量将重新初始化。

使用 Dim 关键字在过程中声明的局部变量属于动态变量。在过程执行结束后，变量的值不被保留；每次重新执行过程时，变量重新声明。

2．静态变量

静态变量是指程序运行进入该变量所在的过程，修改变量的值后退出该过程时，其值仍被保留，即变量所占的内存单元不被释放。当以后再次进入该过程时，原来的变量值可以继续使用。

使用 Static 关键字在过程中声明的局部变量属于静态变量。语法格式及功能如下：

    Static　变量　[As 数据类型]　　　　　　　　　'定义指定变量为静态变量
    Static Sub 子程序过程名([形参表])　　　　　　　'定义该过程内所有的局部变量均为静态变量
    Static Function 函数过程名([形参表])[As 数据类型]　'定义该过程内所有的局部变量均为静态变量

【例 7.8】　Static Sub 语句示例。

在以下代码中，使用 Static Sub 语句对过程 Subtest 进行定义，因此该过程中的局部变量 t 为静态变量。

```
Static Sub Subtest()
    Dim t As Integer            't 为静态变量
    t=2*t+1
    Print t
End Sub
Private Sub Command1_Click()
    Call Subtest                '调用子过程 Subtest
End Sub
```

运行后，多次单击命令按钮 Command1，执行结果为：

    1
    3
    7
    …

将 Static Sub 改为 Private Sub，运行后，多次单击命令按钮 Command1，执行结果为：

    1
    1
    1
    …

7.5 多窗体与 Sub Main 过程

7.5.1 多窗体处理

在前面的例子中，都只涉及一个窗体。而在实际应用中，特别是在较为复杂的应用程序中，单一窗体往往不能满足应用需要，通常需要用到多个窗体（MultiForm）。在多窗体程序中，每个窗体都可以有自己的界面和代码，来完成不同的操作。

1. 添加窗体

在多窗体程序中，创建的界面由多个窗体组成。要在当前工程中添加一个新的窗体，可以通过"工程"菜单中的"添加窗体"命令来实现。每执行一次该命令，则创建一个新窗体。这些窗体的默认名称为 Form1、Form2 等。

2. 删除窗体

要删除一个窗体，可按以下步骤进行：

（1）在工程资源管理器窗口中选定要删除的窗体。

（2）选择"工程"菜单中的"移除"命令。

3. 保存窗体

在工程资源管理器窗口中选定要保存的窗体，再选择"文件"菜单中的"保存"或"另存为"命令，即可保存当前窗体文件。

注意，工程中的每个窗体都需要分别保存。

4. 设置启动窗体

在单一窗体程序中，运行时会从这个窗体开始执行。多窗体程序默认把设计阶段创建的第一个窗体作为启动窗体，在应用程序开始运行时，此窗体先被显示出来，其他窗体必须通过 Show 等方法才能看到。

如果要设置其他窗体为启动窗体，可以采用以下操作：

（1）从"工程"菜单中选择"工程属性"命令，打开"工程属性"对话框，如图 7.6 所示。

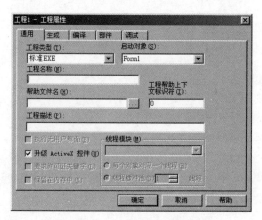

图 7.6 "工程属性"对话框

（2）选择"通用"选项卡，在"启动对象"列表框中选取要作为启动窗体的窗体。

（3）单击"确定"按钮。

5. 有关语句和方法

在 3.4 节中介绍的窗体属性和方法，同样适用于多窗体程序设计。

在多窗体程序中，需要在多个窗体之间切换，即需要打开、关闭、隐藏或显示指定的窗体，这可以通过相应的语句和方法来实现。常用的语句和方法如下。

（1）加载语句 Load

格式：Load 窗体名

功能：把一个窗体装入内存。

执行 Load 语句后，可以引用窗体中的控件及各种属性，但此时窗体没有显示出来。

例如：

    Load Form1   '加载窗体 Form1

（2）卸载语句 UnLoad

格式：UnLoad 窗体名

功能：从内存中卸载指定的窗体。

例如：

    UnLoad Form2   '卸载窗体 Form2

    UnLoad Me   '卸载当前窗体

其中，Me 是系统关键字，用来代表当前窗体。

如果卸载的对象是程序唯一的窗体，则终止程序的执行。

（3）Show 方法

Show 方法用于显示窗体。

（4）Hide 方法

Hide 方法用于隐藏窗体，即不在屏幕上显示，但仍在内存中，因此它与 UnLoad 的作用是不一样的。

以下是一个多窗体程序的示例。

【例 7.9】 计算两个数之和与积。

本例使用了"主窗体"、"输入数据"和"计算"三个窗体，"主窗体"提供操作菜单，"输入数据"窗体用于输入两个运算数，"计算"窗体用于计算。

在各窗体之间需要使用公共变量来传送数据，所以创建一个标准模块 Module1。工程中的模块设置如图 7.7 所示。

图 7.7 工程中的模块设置及主窗体

（1）主窗体（Form1）

窗体中创建了"输入数据"（Command11）、"计算"（Command12）和"结束"（Command13）三个命令按钮，窗体标题为"主窗体"，如图 7.7 所示。该窗体被设置为启动窗体。

编写三个命令按钮的 Click 事件过程，代码如下：

```
Private Sub Command11_Click()        '主窗体的"输入数据"按钮
    Form1. Hide                      '隐藏主窗体
    Form2. Show                      '显示"输入数据"窗体
End Sub
Private Sub Command12_Click()        '主窗体的"计算"按钮
    Form1. Hide                      '隐藏主窗体
    Form3. Show                      '显示"计算"窗体
End Sub
Private Sub Command13_Click()        '主窗体的"结束"按钮
    UnLoad Form1                     '卸载窗体
    UnLoad Form2
    UnLoad Form3
    End
End Sub
```

说明：在 VB 应用程序结束之前，应该卸载所有已打开的窗体。

（2）"输入数据"窗体（Form2）

这是在主窗体上单击"输入数据"按钮时弹出的窗体，用于输入运算数 X 和 Y。窗体上创建了两个文本框（Text21 和 Text22）和一个"返回"命令按钮（Command21），如图 7.8 所示。

编写命令按钮 Click 事件过程，代码如下：

```
Private Sub Command21_Click()        ' "输入数据"窗体的"返回"按钮
    X=Val(Text21. Text)
    Y=Val(Text22. Text)
    Form2. Hide                      '隐藏"输入数据"窗体
    Form1. Show                      '显示主窗体
End Sub
```

（3）"计算"窗体（Form3）

这是在主窗体上单击"计算"按钮时弹出的窗体。窗体上创建了一个标签、一个文本框（Text31）和三个命令按钮，如图 7.9 所示。用户可以使用"加法"和"乘法"两个命令按钮分别进行加法运算和乘法运算。

图 7.8 "输入数据"窗体

图 7.9 "计算"窗体

编写两个命令按钮 Click 事件过程，代码如下：

```
Private Sub Command31_Click()              '"计算"窗体的"加法"按钮
    Text31. Text=X+Y
End Sub
Private Sub Command32_Click)               '"计算"窗体的"乘法"按钮
    Text31. Text=X * Y
End Sub
Private Sub Command33_Click()              '"计算"窗体的"返回"按钮
    Form3. Hide                            '隐藏"计算"窗体
    Form1. Show                            '显示主窗体
End Sub
```

（4）标准模块（Module1）

本标准模块对用到的全局变量 X 和 Y 进行声明。该标准模块代码窗口如图 7.10 所示。

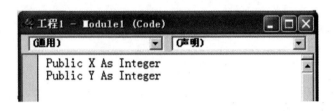

图 7.10 标准模块代码窗口

运行程序后，首先显示主窗体。在主窗体上，用户可通过"输入数据"和"计算"两个按钮来选择进入不同的窗体。例如，单击"输入数据"按钮，则主窗体消失，显示"输入数据"窗体。在"输入数据"窗体或"计算"窗体上，单击"返回"按钮，又可以隐藏当前窗体和重现主窗体。

7.5.2 Sub Main 过程

有时在程序启动时不需要加载任何窗体，而是要先执行一段代码。例如，需要根据某种条件来决定显示几个不同窗体中的哪一个。要做到这一点，可在标准模块中创建一个名为 Main 的 Sub 过程，把先要执行的代码放在该 Sub Main 过程中，并指定 Sub Main 为"启动对象"。在一个工程中只能有一个 Sub Main 过程。

当工程中含有 Sub Main 过程（已设置为"启动对象"）时，应用程序在运行时总是先执行 Sub Main 过程。

设置 Sub Main 过程为"启动对象"的方法是：在"工程属性"对话框中选择"通用"选项卡，从"启动对象"下拉列表框选择"Sub Main"选项。

【例 7.10】 Sub Main 过程示例。

本例中创建两个窗体（Form1 及 Form2）和一个标准模块（Module1），如图 7.11 所示。两个窗体分别显示当前日期和时间，标准模块包含一个 Sub Main 过程。运行程序时，弹出一个输入对话框，供用户选择首先打开哪一个窗体，如果用户回答"1"，则显示窗体 Form1；如果用户回答"2"，则显示窗体 Form2。

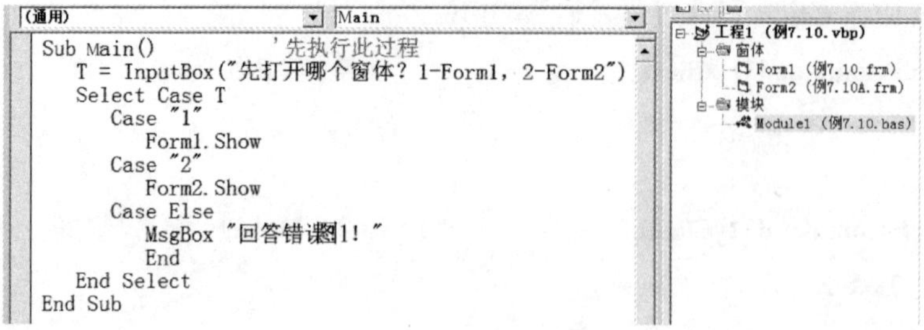

```
(通用)                          Main
Sub Main()              '先执行此过程
    T = InputBox("先打开哪个窗体? 1-Form1, 2-Form2")
    Select Case T
        Case "1"
            Form1.Show
        Case "2"
            Form2.Show
        Case Else
            MsgBox "回答错误1! "
            End
    End Select
End Sub
```

工程1 (例7.10.vbp)
  窗体
    Form1 (例7.10.frm)
    Form2 (例7.10A.frm)
  模块
    Module1 (例7.10.bas)

图 7.11　工程中的模块及 Sub Main 过程

（1）Sub Main 过程

编写 Sub Main 过程代码，并设置 Sub Main 过程为"启动对象"。

（2）窗体 Form1

本窗体显示当前日期，其 Form_Load 事件过程代码如下：

Private Sub Form_Load()

　　Show

　　Print "这里是窗体 Form1"

　　Print "当前日期: "; Date

End Sub

（3）窗体 Form2

本窗体显示当前时间，其 Form_Load 事件过程代码如下：

Private Sub Form_Load()

　　Show

　　Print "这里是窗体 Form2"

　　Print "现在时间: "; Time

End Sub

程序运行时，先执行 Sub Main 过程，即弹出一个输入对话框，再根据用户回答来决定是显示 Form1，还是显示 Form2。

7.6　程序举例

【例 7.11】输入一个十进制正整数，将其转换成二进制数、八进制数和十六进制数，如图 7.12 所示。

（1）分析：模仿十进制正整数转换成二进制数的方法（"除 2 取余"），采用逐次"除 r 取余"法（r 为 2、8 或 16），即用 r 去除 d（十进制数）取余数，商赋给 d，如此不断地用 r 去除 d 取余数，直至商为 0 为止，将每次所得的余数逆序排列（以最后余数为最高位），即得到所转换的 r 进制数。

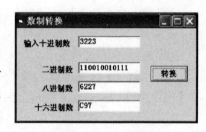

图 7.12　数制转换

将进制转换处理程序段定义为 Function 过程，过程名为 fntran，并设置两个参数，分别表示要转换的十进制数 d 和转换进制 r，为保留 d 值，将参数 d 设置为按值传递（ByVal）方式。进制转换结果通过 fntran 函数值返回。

（2）在窗体上创建 4 个标签、4 个文本框和一个命令按钮。文本框 Text1（处于上方）用于输入要转换的十进制数，文本框 Text2、Text3 和 Text4 分别用于显示转换得到的二进制数、八进制数和十六进制数。

（3）代码如下：

```
Private Sub Command1_Click()            '转换
    Dim d As Long
    d=Val(Text1.Text)
    Text2.Text=fntran(d, 2)             '调用函数 fntran，转换为二进制数
    Text3.Text=fntran(d, 8)             '调用函数 fntran，转换为八进制数
    Text4.Text=fntran(d, 16)            '调用函数 fntran，转换为十六进制数
End Sub
Function fntran(ByVal d As Long, r As Integer) As String
    Dim t As String, n As Integer
    t=""
    Do While d > 0                      '直到商为 0
        n=d Mod r                       '取余数
        d=d \ r                         '求商
        If n > 9 Then                   '超过 9 转换成对应的十六进制数 A～F
            t=Chr(n+55) & t             '换码为字母，反序加入
        Else
            t=n & t                     '反序加入
        End If
    Loop
    fntran=t
End Function
```

程序运行后，当输入十进制数 3223 时，显示结果见图 7.12。程序处理（除 16 取余法）的示意如图 7.13 所示。

图 7.13　除 16 取余法示意

在 VB 中，已经提供了十进制正整数转换成八进制数和十六进制数的内部函数 Hex(x) 和 Oct(x)，可以直接调用。本例主要是介绍进制转换的算法及其程序实现。

【例 7.12】 编写一个函数判断一个数是否为素数，然后通过调用该函数求 500～1000 数中的所有素数，并把这些素数显示在列表框中。

（1）分析：素数也称质数，是只能被 1 和它本身整除，而不能被其他整数整除的整数。例如，2、3、5、7 是质数，而 4、6、8、9 则不是。判断某数 m 是否是素数的算法是：对于 m，从 k=2,3,4,…,m-1 依次判断能否被 k 整除，只要有一个能被整除，m 就不是素数，否则不能

被所有的 k 整除则 m 是素数。

下面程序中，使用 FnPrime 函数来判断 m 是否为素数，若是，则函数返回 True；否则返回 False。

（2）按照图 7.14 设计界面，在窗体上创建一个列表框 List1、一个标签 Label1 和一个命令按钮 Command1。

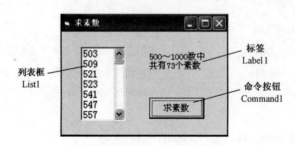

图 7.14　运行界面

（3）代码如下：

```
Function FnPrime(m As Integer) As Boolean
    Dim k As Integer, f As Boolean
    f=True                          '设置 f 来表示判断状态，初值为 True
    For k=2 To m－1                  'k=2,3,4,…,m-1 依次判断
        If m Mod k=0 Then           '判 m 是否能被 k（2～m-1 中的一个数）整除
            f=False                 '如 m 能被 k 整除，则置 f 为 False
        End If
    Next k
    FnPrime=f                       '返回函数值
End Function
Private Sub Command1_Click()        '求素数
    Dim t As Integer
    List1. Clear                    '清除列表框中的内容
    For t=500 To 1000
        If FnPrime(t) Then          '调用函数，根据 t 是否为素数返回真或假
            List1. AddItem t        '若是素数，则存入列表框中
        End If
    Next t
    Label1. Caption="500～1000 数中共有" & List1.ListCount & "个素数"
End Sub
```

运行结果见图 7.14。

【例 7.13】　动态文字。

（1）按照图 7.15 设计界面，在窗体上添加 3 个文本框和 1 个计时器，计时器的 Interval 属性设置为 250，Enabled 属性设置为 True。

（2）利用计时器的 Timer 事件过程，逐次显示长度有规则变化的文字串，从而实现动态文字的效果。三个文本框中分别以不同动态形式显示一段文字"过程是程序中一个相对独立的程序段"，第 1 个文本框 Text1 从左到右逐字显示文字，第 2 个文本框 Text2 使文字从左到右做水平移动，第 3 个文本框 Text3 以闪动方式显示文字。

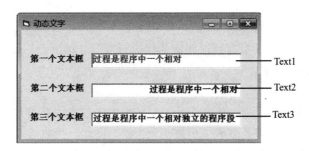

图 7.15　运行界面

（3）代码如下：

```
Dim txt As String, n As Integer, k As Integer
Private Sub Form_Load()
    n = 0
    txt = "过程是程序中一个相对独立的程序段"
    k = Len(txt)
    Text1. ForeColor = RGB(255, 0, 0)            '用红色显示文字
    Text2. ForeColor = RGB(0, 0, 0)              '用黑色显示文字
    Text3. ForeColor = RGB(0, 0, 255)            '用蓝色显示文字
End Sub
Private Sub Timer1_Timer()
    n = n + 1                                    '变量 n 用于控制文字长度
    If n <= k Then
        Text1. Text = Left(txt, n)               '每次取前面 n 个字符
        Text2. Text = Space(2 * (k - n)) + Left(txt, n)   '每次减少前面的空白
    Else
        n = 0                                    '准备重来一次
        Text1. Text = ""
        Text2. Text = ""
    End If
    If n Mod 2 = 0 Then                          '显示及清除交替进行
        Text3. Text = txt                        'n 为偶数时显示
    Else
        Text3. Text = ""                         'n 为奇数时清除
    End If
End Sub
```

代码中模块级变量 n 是一个关键参数。以第 1 个文本框 Text1 为例，开始时 n 为 0，文本框内无文字显示，以后每次进入 Timerl_Timer 过程时 n 都会加 1，通过函数 Left(Txt,n)使得文本框内显示的文字逐次加 1 个；当 n 大于 k（k 是一行文字的总长度）时，则 n 恢复为 0，从而使文字显示又从头开始，如此反复进行。

【例 7.14】 加密和解密。

为增强信息的安全性，常常需要对文本中的字符串进行加密处理，使外人无法辨认字符串的真实内容，加密后的文本称为密文，只有通过相应的代码解密后才能解读。编写程序，对输入的字符串中的字母及数字进行加密和解密。

（1）分析：

① 本例采用最简单的加密方法，其做法是，对字符串中的每个字符进行变换，例如，将其字符码值加上一个数值，这样原字符就变成了另外一个字符。例如，加数值 4，则这时字符"A"→"E"，"B"→"F"，…，"Z"→"D"。这个数值称为密钥。解密是加密的逆操作。

② 假设原字符为 s，加密、解密后字符码值存放在 tasc 中，则有（设密钥为 4）：

加密：tasc = Asc(s) + 4

解密：tasc = Asc(s) − 4

③ 加密过程中有可能造成新的字符超过"Z"、"z"或"9"，如果超过，则将变换后的字符码值减去 26 或 10，使之绕回到字母表或数字表的起始位置。对于大写字母来说，处理如下：

If tasc > Asc("Z") Then tasc=tasc−26

解密过程中也有可能造成新的字符小于"A"、"a"或"0"，如果小于，则将变换后的字符码值加上 26 或 10，使之绕回到字母表或数字表的末尾位置。对于大写字母来说，处理如下：

If tasc < Asc("A") Then tasc = tasc + 26

④ 加密和解密的运算过程相似，本例编制一个函数过程 FnTr()来统一完成加密和解密的处理，并设置标志码 f（加密时 f=1，解密时 f=−1），使之区分两种不同的操作。

（2）按照图 7.16 设计界面，其中 3 个文本框 Text1、Text2 和 Text3 分别用于输入要加密的原字符串、显示加密结果和显示解密结果。

（3）代码如下：

```
Private Sub Command1_Click()              '加密
    Dim s As String
    s = Trim(Text1.Text)
    Text2. Text = FnTr(1, s)              '显示加密结果
End Sub
Private Sub Command2_Click()              '解密
    Dim s As String
    s = Trim(Text2.Text)
    Text3. Text = FnTr(-1, s)             '显示解密结果
End Sub
Function FnTr(ByVal t As Integer, ByVal x As String) As String      'FnTr 函数过程
    Dim k, tasc As Integer, s, code As String
    code = ""
    For k = 1 To Len(x)
        s = Mid(x, k, 1)
```

```
            tasc = Asc(s) + 4 * t                    '加上密钥 4，并通过标志码 t 来控制加密或解密操作
        Select Case s
            Case "A" To "Z"                 '处理大写字母
                If tasc < Asc("A") Or tasc > Asc("Z") Then tasc = tasc - 26 * t
                code = code & Chr(tasc)
            Case "a" To "z"                 '处理小写字母
                If tasc < Asc("a") Or tasc > Asc("z") Then tasc = tasc - 26 * t
                code = code & Chr(tasc)
            Case "0" To "9"                 '处理数字字符
                If tasc < Asc("0") Or tasc > Asc("9") Then tasc = tasc - 10 * t
                code = code & Chr(tasc)
            Case Else                       '其他字符，不处理
                code = code & s
        End Select
    Next
    FnTr = code
End Function
```

程序运行后，输入原字符串"Visual Basic 6.0 欢迎您"，单击"加密"按钮，则显示加密结果，再单击"解密"按钮，显示结果如图 7.16 所示。

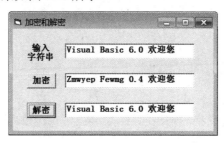

图 7.16 运行界面

习题 7

一、单选题

1. 假设已通过下列 Sub 语句定义了 Mysub 过程。若要调用该过程，可以采用语句（   ）。
   Sub Mysub(x As Integer)

   A. s=Mysub(2)   B. Mysub 32000

   C. Print Mysub(120)   D. Call Mysub(40000)

2. 要使过程调用后返回两个参数 s 和 t，下列的过程定义语句中，正确的是（   ）。

   A. Sub Mysub1(ByRef s, ByVal t)   B. Sub Mysub1(ByVal s, ByVal t)

   C. Sub Mysub1(ByRef s, ByRef t)   D. Sub Mysub1(ByVal s, ByRef t)

3. 在以下程序段运行时单击窗体，在消息框中显示的结果是（   ）。

   Private Sub Form_Click()

   Dim b As Integer, y As Integer

```
Call Mysub2(3, b)
y=b
Call Mysub2(4, b)
MsgBox y+b
```
End Sub
Sub Mysub2(x As Integer, t As Integer)
```
t=0
For k=1 To x
    t=t+k
Next k
```
End Sub

  A．13   B．16   C．19   D．21

4．在以下程序段运行时单击窗体，显示的结果是（ ）。

Public Sub Mysub3(ByVal x As Integer, y As Integer)
```
x=y+x
y=x Mod y
```
End Sub
Private Sub Form_Click()
```
Dim a As Integer, b As Integer
a=11: b=22
Call Mysub3(a, b)
Print a; b
```
End Sub

  A．33 11   B．11 11   C．11 22   D．22 11

5．为达到把 a 和 b 中的值交换后输出的目的，某学生编程如下：

Private Sub Command1_Click()
```
Dim a As Integer, b As Integer
a=10 : b=20
Call swap(a,b)
Print a,b
```
End Sub
Private Sub swap(ByVal a As Integer,ByVal b As Integer)
```
c=a:a=b:b=c
```
End Sub

  在运行时发现输出结果错了，需要修改。下面 4 个修改方案中正确的是（ ）。

  A．调用 swap 过程的语句错误，应改为 Call swap a,b

  B．输出语句错误，应改为 Print "a ", "b"

  C．过程的形式参数有错，应改为 swap(ByRef a As Integer,ByRef b As Integer)

  D．swap 过程中 3 个赋值语句的顺序是错误的，应改为 a=b:b=c:c=a

  6．某学生创建了一个工程，其中的窗体名称为 Form1；之后又添加了一个名为 Form2 的窗体，并希望程序执行时先显示 Form2 窗体，那么，他需要做的工作是（ ）。

A. 在工程属性对话框中把"启动对象"设置为 Form2

B. 在 Form1 的 Load 事件过程中加入语句 Load　Form2

C. 在 Form2 的 Load 事件过程中加入语句 Form2.Show

D. 在 Form2 的 TabIndex 属性设置为 1，把 Form1 的 TabIndex 属性设置为 2

7.　在窗体模块中定义有 Private 过程，（　　）的过程可调用该过程。

A. 本窗体　　　　　　　　　B. 本工程中所有

C. 其他窗体　　　　　　　　D. 标准模块中

8. 以下叙述中，正确的是（　　）。

A. 无论在窗体模块或在标准模块中，都可以定义事件过程

B. 在整个工程中只能定义一个 Sub Main 过程，且无论在窗体模块或在标准模块中定义都行

C. 如果工程中含有 Sub Main 过程，则程序一定要先执行该过程

D. 在工程中，可以根据需要指定一个窗体为启动窗体

9. 下列叙述中，错误的是（　　）。

A. 在某个 Sub 过程中定义的局部变量可以与其他事件过程中定义的局部变量同名

B. 如果过程被定义为 Static 类型，则该过程中的局部变量都是 Static 类型

C. 在窗体中 Activate 事件可在 Load 事件之前触发

D. 用 Hide 方法只是隐藏一个窗体，不能从内存中消除该窗体

二、填空题

1. 如果在被调过程中改变了形参变量的值，但又不影响实参变量本身，这种参数传递方式称为_____。

2. 当形参是数组时，在过程体内对该数组执行操作，为了确定数组的下标上界值，可以使用_____函数。

3. 按照如下要求写出函数过程定义的首语句，即 Function_____定义语句。要求：形参有两个，其中 x 为整型数（按值传递），d 是一维字符串数组，函数过程名为 Fnmy，函数返回值为逻辑型。

4. 下列程序运行时单击窗体，在消息框中显示的是_____。

```
Private Sub Form_Click()
    Dim a As String, b As String, s As String
    a="ABCDEFG": b="12345"
    s=Fn1(a)+Fn1(b)
    MsgBox Fn1(Fn1(Fn1(s)))
End Sub
Function Fn1(x As String) As String
    k=Len(x)
    Fn1=Mid(x, 2, k－2)
End Function
```

5. 在窗体上已经创建了三个文本框（Text1、Text2 及 Text3）和一个命令按钮（Command1），运行程序后单击命令按钮，则在文本框 Text1 中显示的内容是___(1)___，在文本框 Text2 中显示的内容是___(2)___，在文本框 Text3 中显示的内容是___(3)___。

```
        Dim a As Integer                    '模块级变量
        Private Sub Command1_Click()
            Dim b As Integer, c As Integer
            b=1 : Call Mysub5(b, c)
            c=a+b : Call Mysub5(c, b)
            a=a+c
            Text1. Text=a
            Text2. Text=b
            Text3. Text=c
        End Sub
        Sub Mysub5(x, ByVal y)
            a=x+a
            x=2*a+y
            y=2 * x
        End Sub
```

6. 在以下程序段运行时，单击窗体，显示结果是＿＿(1)＿＿，再次单击窗体，显示结果是＿＿(2)＿＿。去掉 Static Temp 语句后，单击窗体，显示结果是＿＿(3)＿＿，再次单击窗体，显示结果是＿＿(4)＿＿。

```
        Private Sub Form_Click()
            s=Fn2(1)+Fn2(2)+Fn2(3)
            Print s
        End Sub
        Private Function Fn2(t As Integer)
            Static Temp
            Temp=Temp+t
            Fn2=Temp
        End Function
```

7. 设工程文件包含两个窗体文件 Form1.frm、Form2.frm 及一个标准模块文件 Module1.bas。两个窗体上分别只有一个名称为 Command1 的命令按钮。

Form1 的代码如下：

```
        Public x As Integer
        Private Sub Form_Load()
            x=2
            y=3
        End Sub
        Private Sub Command1_Click()
            Form2. Show
        End Sub
```

Form2 的代码如下：

```
        Private Sub Command1_Click()
            Print Form1.x+y
        End Sub
```

Module1 的代码如下：

> Public y As Integer

运行以上程序，单击 Form1 的命令按钮 Command1，则显示 Form2；再单击 Form2 上的命令按钮 Command1，则窗体上显示的是_____。

上机练习 7

1. 为计算 1!+2!+3!+…+10!的值，某学生编程如下：

```
Private Sub Form_Click()
    Dim s As Long
    s=0
    For k=1 To 10
        s=s+jc(k)
    Next k
    Print s
End Sub
Function jc(n As Integer) As Integer
    Dim t As Long
    t=1
    For j=1 To n
        t=t*j
    Next j
    jc=n
End Function
```

调试时发现运行结果有错，需要修改。请从下面修改方法中选择一个或多个正确选项，并上机验证修改后的程序。

    A．把循环体中语句 s=s+jc(k)改为 s=jc(k)

    B．把函数定义语句改为 Function jc(n As Integer) As Long

    C．把语句 t=1 改为 t=0

    D．把语句 jc=n 改为 jc=t

2. 编写一个求表达式 $\sqrt{a^2+b^3}$ 的值的函数过程，在窗体的 Click 事件过程中调用该函数过程计算以下 y 的值，计算结果用消息框显示。

$$y = \frac{\sqrt{2^2+3^3}+\sqrt{4^2+5^3}}{\sqrt{6^2+7^3}}$$

3. 编写一个含有 Sub 过程的标准模块，该 Sub 过程能根据参数 m 求 1+2+3+…+m 的值。在命令按钮的 Click 事件过程中用 InputBox 函数输入 n 的值，调用该 Sub 过程计算 y 的值：

$$y = 1 + (1+2) + (1+2+3) + \cdots + (1+2+3+\cdots+n)$$

计算结果显示在标签中。

4. 某学生编写了下面的函数 fnws，功能是返回参数 x 中数值的位数。

```
Function fnws(x As Long) As Integer
    Dim n As Integer
    n=1
    Do While x \ 10 >=0
        n=n+1
        x=x \ 10
    Loop
    fnws=n
End Function
```

在调用该函数时发现返回的结果不正确，函数需要修改，请从下面的修改方法中选择一个正确选项，并编写一个调用该函数的事件过程，对修改后的函数 fnws 上机验证。

A. 把语句 fnws=n 改为 fnws=x

B. 把语句 x=x \ 10 改为 x=x Mod 10

C. 把语句 n=1 改为 n=0

D. 把循环条件 x \ 10 >=0 改为 x \ 10 > 0

5. 设计有两个窗体的程序，运行开始时只显示 Form2 窗体，单击 Form2 窗体上的 C2 按钮时，显示 Form1 窗体；单击 Form1 窗体上的 C1 按钮时，则 Form1 窗体消失。把 Form2 窗体设置为启动对象，C1 按钮和 C2 按钮上的标题分别为"隐藏"和"显示"。

6. 编写程序，创建 Form1、Form2 和 Form3 三个窗体，并完成如下处理：

① Form1 窗体用于输入用户名和密码（假设用户名和密码分别为 username 和 password），如图 7.17 所示。输入用户名和密码并按下"判断"按钮，当输入正确时显示 Form2 窗体，当连续 3 次输入错误时显示 Form3 窗体。

图 7.17　Form1 窗体的运行界面

② 在 Form1 窗体中单击"结束"按钮时，结束程序运行。

③ 在 Form2 窗体中用文本框显示"欢迎你使用本系统"，单击"返回"按钮，回到 Form1 窗体。

④ 在 Form3 窗体中用文本框显示"请向管理员查询"，单击"退出"按钮，结束程序运行。

第8章 程序调试与错误处理

在编写程序的过程中，错误是难免的，因此程序调试是一个不可缺少的步骤。程序调试需要程序员对程序有清晰的认识，还需要借助各种调试工具。VB 提供了多种调试工具，可以方便而有效地查找错误。VB 也有专门的错误处理机制，允许编写程序对错误进行响应。本章介绍 VB 应用程序的调试方法和对运行时错误的处理方法。

8.1 错误类型

程序调试的关键在于发现并识别错误，然后才能采取相应的纠错措施。程序中出现的错误可分为三类：编译错误、运行时错误和逻辑错误。

1. 编译错误

编译错误是指在程序编译过程中出现的错误。这种错误通常是由于违反 VB 的语法而产生的错误，也称语法错误，如关键字写错、遗漏标点符号、括号不匹配等。

编译错误是上述三种错误中较容易被发现的一种，VB 提供了自动语法检测功能，能指出并显示这些错误，帮助用户纠正语法错误。例如，用户输入以下一行代码：

    Foor t=1 To 100

VB 会弹出消息框给出错误信息，如图 8.1 所示。如果仅仅通过消息框上简单提示信息还不足以了解出错的原因，还可以单击对话框的"帮助"按钮，以获得更详细的错误分析信息。

图 8.1 VB 显示出错信息

注意：如果编辑代码时没有自动语法检测功能，可选择"工具"菜单中的"选项"命令，打开"选项"对话框，从对话框中勾选"自动语法检测"复选框即可。

2. 运行时错误

运行时错误是指应用程序在运行期间执行了非法操作所发生的错误。例如，除法运算中除数为零、下标越界、访问文件时文件夹或文件找不到等。这种错误只有在程序运行时才能被发现。例如，下列代码：

Private Sub Form_Load()

    Dim D(20) As Integer,k As Integer

```
For k=1 To 30
    D(k)=k*k
Next k
```
End Sub

当程序运行时，会发生"下标越界"的错误。

3．逻辑错误

逻辑错误使程序运行时得不到预期的结果。这种程序没有语法错误，也能运行，但得不到正确的结果。例如，在一个算术表达式中，把乘号"*"写成了加号"+"、条件语句的条件写错、循环次数计算错误等，都属于这类错误。死循环经常是由逻辑错误引起的。

例如，要求 8!，若采用如下代码：

Private Sub Form_Click()
```
Dim t As Long
For k=1 To 8
    t=t*k
Next k
Print t
```
End Sub

该程序的输出结果是 0，显然它不是正确答案。错误发生在没有给乘法器 t 赋初值 1。

通常，调试程序过程中所花的大部分时间和精力都在逻辑错误上。

8.2 程序调试

在应用程序中查找并排除错误的过程称为程序调试。通过程序调试可以了解程序运行时的每个执行步骤，以发现程序不能完成预期任务的错误所在。

8.2.1 程序工作模式

VB 中开发应用程序有三种工作模式：设计模式、运行模式和中断模式。在调试程序时，必须知道应用程序正处于哪种工作模式之下。VB 主窗口的标题栏上总是显示当前的工作模式，包括：[设计]、[运行]和[Break]（中断）。

1．设计模式

用户创建应用程序的大部分工作是在设计模式下完成的。在设计模式下，用户可以创建应用程序的用户界面、设置控件的属性、编写代码等。

2．运行模式

单击工具栏中的"启动"按钮，或选择"运行"菜单中的"启动"命令，即可进入运行模式。在运行模式下，用户可以测试程序的运行结果，可以与应用程序对话，还可以查看代码，但不能修改代码。

3．中断模式

程序在执行过程中被暂停执行，称为中断，此时程序进入中断模式。在中断模式下，可以利用调试工具进行程序调试，查看各变量及属性的当前值，以便于观察程序的动态变化，找出可能的错误。

进入中断模式的方法很多，常用的几种途径有：

（1）在代码中插入 Stop 语句，当程序运行到该语句处就会停下来，进入中断模式。

（2）在代码窗口中，把光标移到要设置中断点（简称断点）的那一行，选择"调试"菜单中的"切换断点"命令（或按 F9 键）。

（3）在代码窗口中，在要设置断点的代码行的左页边上（鼠标指针形状为 ☑）单击，此时被设置的断点代码行加粗并反白显示，并在左页边上出现圆点，如图 8.2 所示。

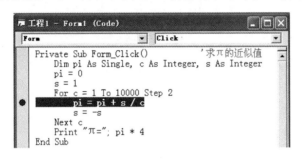

图 8.2　设置断点

（4）在程序运行时，单击工具栏中的"中断"按钮，或选择"运行"菜单中的"中断"命令，或按 Ctrl+Break 组合键。不过使用这个方式时，程序停顿的位置是难以控制的。

（5）当程序运行出现错误时，也会自动切换到中断模式。

当检查调试通过后，需要清除断点，方法是：直接单击断点代码行在左页边上的圆点，或选择"调试"菜单中的"清除所有断点"命令。如果断点是由 Stop 语句产生的，则必须消除 Stop 语句。

8.2.2　简单的查错方法

在调试程序过程中，常用一种简单且直观的方法来查找程序中的错误，如在代码的某个适当位置，临时插入 MsgBox 函数、Print 方法等（问题解决后清除）。通过动态输出某些变量、表达式等的值，观察其是否与预期结果相一致，以此判断错误所在。

例如，在程序分支处插入 MsgBox 函数，可以了解程序转向哪一个分支：

```
If y Mod 4 = 0 And y Mod 100 <> 0 Then
    MsgBox "**1**y=" & y
    …
Else
    MsgBox "**2**y=" & y
    …
End If
```

又如，假设某程序运行结果不正确，而影响运行结果的关键性变量是 t，此时在可能会出错的地方插入 MsgBox 函数，来了解该变量 t 的变化情况：

```
...                        '有问题的程序段
MsgBox "**1**t=" & t       '插入 MsgBox，检查该运行时刻变量 t 的值
...
MsgBox "**2**t=" & t       '再次插入 MsgBox，检查该运行时刻变量 t 的值
...
```

8.2.3　VB 调试工具

为了提高调试程序的效率，VB 提供了一组调试工具和调试手段。通过 VB 主窗口的"调试"菜单，或打开"调试"工具栏（选择"视图"菜单中"工具栏"命令的"调试"选项），可以获得全部调试工具。"调试"工具栏如图 8.3 所示。大多数调试工具只能在中断模式下使用。

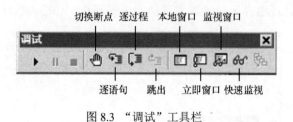

图 8.3　"调试"工具栏

下面介绍这些调试工具的功能及使用方法。

1．切换断点

切换断点用来设置断点。通常，把断点设置在代码中可能会出现错误的区域。要在某代码行设置断点，先要选定该行，再单击"切换断点"按钮。

2．逐语句

VB 允许逐个语句执行程序，每执行一个语句后就返回中断模式。中断模式保留程序中所有变量和属性的当前值。只要用鼠标指向代码中的某个变量或表达式，VB 就会显示它的值，也可以使用立即窗口、监视窗口或本地窗口来显示。如果执行的是过程调用的代码（如 Call），逐语句操作也会跟踪到被调过程中继续一个语句一个语句地执行。

3．逐过程

逐过程执行是以整个函数或过程为一个整体，一次执行。逐过程与逐语句一样，能够一个语句一个语句地执行，但当执行的代码是过程调用时，逐过程不会跟踪到被调用的函数或过程中，它把被调用的函数或过程当成一个语句来看待。

4．跳出

当用逐语句或逐过程的方法来执行过程时，如果发现过程中的语句没有问题，可以单击"调试"工具栏中的"跳出"按钮，VB 将连续执行完该过程的其余部分，返回主调过程的下一个语句处并中断运行。

5．本地窗口

本地窗口的作用是在中断模式下，显示当前过程中所有变量值和活动窗体的所有属性值。

在中断模式下，单击"调试"工具栏中的"本地窗口"按钮，或执行"视图"菜单中的"本地窗口"命令，也可以打开本地窗口。

在该窗口中，Me 代表当前窗体。若单击 Me 左边的"+"号，会展开显示当前窗体的全部属性，此时"+"号变为"−"号；单击"−"号，又会改为显示所有变量的值。

6．立即窗口

打开立即窗口的方法与打开本地窗口的方法相同。通常在进入中断模式后会显示立即窗口。使用立即窗口可以检查某个属性或变量的值，也可以执行单个过程，对表达式求值，或者为变量或属性赋值等。要从应用程序中输出信息到立即窗口，可以采用以下语法格式：

Debug.Print 输出内容

7．监视窗口

在很多情况下，程序的错误不是由单个语句产生的，而需要在整个过程运行中观察变量或表达式值的变化情况，以判断出错的原因。利用监视窗口可以对用户定义的变量或表达式进行监视。

打开监视窗口的方法与打开本地窗口的方法相同。在监视窗口中，可以添加、删除或重新编辑要监视的表达式，方法是：在监视窗口内右击鼠标，从弹出的快捷菜单中选择所需的功能。

以下通过两个例子来说明程序调试的方法。

【例 8.1】 假设有以下一个窗体加载事件过程：

Private Sub Form_Load()

    Dim mys As Integer

    mys="学习 VB 程序设计语言"

    MsgBox mys

End Sub

运行时系统将弹出一个出错消息框，其中提示发生"类型不匹配"的错误。单击消息框中的"调试"按钮，即可进入中断模式，VB 在代码窗口中用箭头指示发生错误的语句"mys= "学习 VB 程序设计语言""。为了检查出错原因，可以在立即窗口中输入以下命令来检查变量的值：

    ? mys   '?是 Print 的简写

显示结果见图 8.4。

图 8.4 在立即窗口中检查变量的值

从显示结果可以看出，出错前变量 mys 的当前值为数值 0，它是一个整型变量，不能用字符串"学习 VB 程序设计语言"为它赋值，故发生了"类型不匹配"的错误。

【例 8.2】 计算 $t=0.1+0.2+0.3+\cdots+0.9+1$，编写代码如下：

Private Sub Form_Load()

    Dim t As Single, i As Single

```
        Show
        t=0
        For i=0.1 To 1 Step 0.1
            t=t+i
        Next i
        Print "总和:"; t
    End Sub
```

运行结果为：

    总和:4.5

这不是正确的答案，正确结果应是 5.5。那么错误究竟出现在什么地方呢?下面利用调试工具来查找，操作步骤如下：

（1）在代码窗口中设置断点。为了解循环过程中变量 i 和 t 的变化情况，可在语句 t=t+i 处设置断点。操作方法是，单击该代码行的左页边，此时显示如图 8.5 所示。

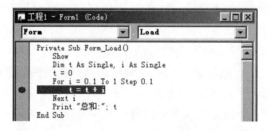

图 8.5　在指定语句处设置断点

（2）重新运行程序。程序在断点处中断运行，并进入中断模式，如图 8.6 所示。

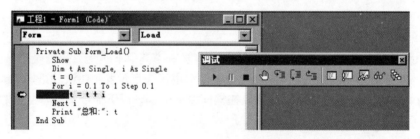

图 8.6　进入中断模式

（3）单击"调试"工具栏中的"本地窗口"按钮，利用本地窗口来监视过程中各变量及属性值的变化情况，如图 8.7 所示。

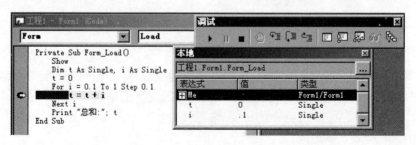

图 8.7　本地窗口

（4）单击"调试"工具栏中的"逐语句"按钮，让程序单步执行。VB 用黄颜色突出显示当前执行的语句行，并在语句行左侧空白处用黄色小箭头加以标识。

单步执行中，本地窗口会显示程序中所用变量的当前值。

（5）连续单击"逐语句"按钮，使程序在 For 语句循环执行 9 次，此时本地窗口显示的变量值如图 8.8 所示。

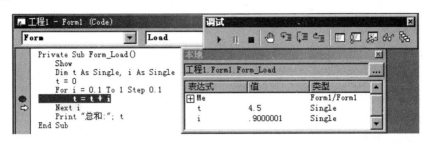

图 8.8 第 9 次循环后的情况

（6）再次单击"逐语句"按钮，从显示的执行点可知，程序不再继续循环，而是退出循环，去执行 Next 的下一个语句 Print。

经过上述跟踪检测，可以发现上述循环语句只是循环 9 次。本来应该循环 10 次，但由于小数在机器内存储和处理会发生微小误差，当执行到第 9 次循环时，循环变量 i 的值为 0.900 000 1，再加上步长值 0.1，已经超过 1，往下就不再执行循环体了。所以实际循环 9 次，即只计算 0.1+0.2+0.3+…+0.9（=4.5）。

本例也可以采用简单的查错方法，就是在 Next 语句之前插入"MsgBox i"（或 Print i）语句，以便了解每次循环时 i 的变化情况。

当步长值为小数时，为了防止丢失循环次数，可将终值适当增大，一般是加上步长值的一半，例如：

    For i=0.1 To 1.05 Step 0.1

调试程序往往比写程序难。希望读者通过实践逐步摸索，掌握调试程序的方法及技巧。

8.3　错误处理

调试通过的程序，由于应用环境等因素的改变，还会出现错误。例如，要访问一个光盘文件，但光盘没有插入光驱，会产生文件未找到的错误。这类"运行时错误"并非致命的，如果简单地停止程序运行，显然是不大合理的。

在发生的各类错误中，有些错误是可以事先预见的。对于这些可预见的错误，可以利用 VB 的错误处理程序捕获它，对其进行适当的处理，并使程序继续执行。这样就能够使开发的软件具有更强的适应性。

8.3.1　错误处理的步骤

使用 VB 错误处理工具的基本步骤是：

（1）利用 Err 对象记录错误的类型、出错原因等。

（2）强制转移到用户自编的"错误处理程序段"的入口。

（3）在"错误处理程序段"中，根据具体错误进行一些善后处理，如关闭文件，或使用一个默认值代替错误值等。如果有解决方法，则在处理后返回原程序某处继续执行，否则，提示错误信息后停止程序执行。

8.3.2 Err 对象

Err 对象是全局性的固有对象，用来保存最新的运行时的错误信息，其属性由错误生成者设置。

1．主要属性

（1）Number 属性：它的属性值为数值类型，范围为 0～65535，用于保存错误号。例如，"非法函数调用"的错误号为 5，"内存不够"的错误号为 7，"除数为 0"的错误号为 11 等。具体的错误号及其含义请参考 VB 手册。

（2）Source 属性：它的属性值为字符串类型，用于指明错误产生的对象或应用程序的名称。

（3）Description 属性：它的属性值为字符串，用于记录简短的错误信息描述。

2．常用方法

（1）Clear 方法：用于清除 Err 对象的当前属性值。

（2）Raise 方法：能产生错误，用于调试错误处理程序段。

例如，执行语句"Err.Raise 55"将产生 55 号运行时错误，即"文件已打开"错误。

8.3.3 捕获错误语句

在 VB 中，使用 On Error 语句可以捕获错误，其语法格式如下：

    On Error GoTo 标号

其中，标号是以字母开头的字符串，它必须与本语句处于同一过程中。

通常，该语句放置在过程的开始位置。在程序运行过程中，当该语句后面的代码出错时，程序会自动跳转到标号所指定的程序行去运行。标号所指示的程序行通常为错误处理程序段的开始行。

以下是一个错误处理示例：

```
On Error GoTo ErrLine      '以后出错时转移至 ErrLine
…                          '程序语句
ErrLine:                   '标号
…                          '错误处理程序段
Resume                     '返回语句
```

如果需要在过程执行中停止错误捕获，可以利用以下语句：

    On Error GoTo 0

执行该语句后，当前过程立即丧失错误捕获功能。

8.3.4 退出错误处理语句

当指定的错误处理完成后，应该控制程序返回到合适的位置继续执行。返回语句 Resume 有三种用法：

（1）Resume [0]：程序返回到出错语句处继续执行。

（2）Resume Next：程序返回到出错语句的下一语句。

（3）Resume 标号：程序返回到标号处继续执行。

【例 8.3】 输入某个数，求该数的平方根。当用户输入负数时，使用 On Error…Resume 语句进行处理。

代码如下：

```
Private Sub Form_Click()
    Dim x As Single, y As Single, i As String
    On Error GoTo errln                     '以下出错时转移到 errln
    i=""                                    '实数标记，赋给空值
    x=Val(InputBox("请输入一个数"))
    y=Sqr(x)
    Print y; i
    Exit Sub                                '退出过程
errln:                                      '标号
    If Err.Number=5 Then                    '非法函数调用的错误码为 5
        x=-x                                '转换为正数
        i="i"                               '复数标记
        Resume                              '返回
    Else                                    '其他错误处理
        MsgBox("错误发生在" & Err.Source   & ", 代码为" _
                        & Err.Number & ", 即" & Err.Description)
        End
    End If
End Sub
```

程序中，On Error GoTo errln 使得程序出错时跳转到以标号 errln 为入口的错误处理程序段。程序运行时，当用户输入一个正数时，显示出该数的平方根；如果输入的是一个负数，则因求负数的平方根（函数 Sqr）而出错，此时会跳转到错误处理程序段。在错误处理程序段中，先判断错误码，若是 5（"非法函数调用"的错误），则将该负数转换为正数，设置复数标记，然后执行 Resume 语句返回到原出错处继续执行。如果发生的不是 5 号错误，则显示有关信息后强制结束。

习题 8

单选题

1. 调试程序的工作重点是（　　）。
   A．证明程序的正确性　　　　　　B．检查和纠正程序错误
   C．优化程序结构　　　　　　　　D．提高运行效率

2. 下列叙述中，错误的是（　　）。
   A．在运行模式下不能修改程序
   B．在中断模式下，系统会保留程序中所有变量和对象属性的当前值
   C．在代码窗口中输入代码时，VB 会即时检查编译错误
   D．从运行模式转入中断模式都是由编程者事先设定好的

3．在调试程序中，要跟踪检查某个表达式的值，可在（　　　）中进行。

  A．立即窗口   B．本地窗口   C．代码窗口   D．监视窗口

4．在中断模式下，（　　　）能够显示当前过程中所有变量的值。

  A．立即窗口   B．本地窗口   C．代码窗口   D．属性窗口

5．在中断模式下，用户想临时检查某个表达式的值，应在（　　　）中进行。

  A．立即窗口   B．属性窗口   C．本地窗口   D．监视窗口

6．下标越界的错误号（Err 对象的 Number 属性）是（　　　）。

  A．9   B．10   C．11   D．12

【提示】 模仿例 8.3 编写一个简单程序，制造一个"下标越界"错误（如声明 Dim a(3) 但使用了 a(4)），在错误处理程序段中显示错误号（Err.Number）。

上机练习 8

1．VB 可以在一行代码中声明多个变量，但有可能会得到意想不到的结果。例如：

  Dim a, b As Integer

许多初学者误以为 a 和 b 都同时被声明为整型变量，其实不然。请编写一个简短的程序，验证上述语句所声明的变量 a 为变体型（Variant），而 b 才是整型变量。

【提示】 检查变量 a 的数据类型，可把一个非整型数据赋值给 a，如 a=1.2，再检查 a 的输出值。

要把 a 和 b 都同时声明为整型变量，采用的正确语句是：

  Dim aAs Integer, b As Integer

或

  Dim a%, b%

2．补充完整下列程序，使之输出的图形如图 8.9 所示。

```
Private Sub Form_Click()
        Dim i As Integer, j As Integer
        For i=1 To 12
                Print String(20－i, 32);        '输出左边的空格，分号表示下一输出项紧接输出
                For j=1 To 2 * i－1              '输出 2*i-1 个字符
                        If j <=i Then           '分左、右指定输出字符
                            k=j                 '左边输出的字符
                        Else
                            k=___(1)___         '右边输出的字符
                        End If
                        If k > 9 Then k=___(2)___ '字母的 ASCII 码值比数字大 7
                        Print Chr(k+48);        '以字符格式输出
                Next j
                Print                           '换行
        Next i
End Sub
```

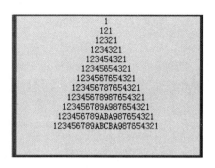

图 8.9　输出的图形

3．按照以下给定的用户界面和代码，编制一个简单的英文打字练习程序。

（1）程序功能如下：

① 单击"产生原稿文"按钮，随机产生 30 个小写字母的原稿文，显示在"原稿文"文本框 Text1 中，将焦点放在"录入"文本框 Text2 内，等待用户击键录入。

② 当用户第一次在"录入"文本框内击键时，开始计时。

③ 用户按照"原稿文"要求，在"录入"文本框内录入相应的小写字母。在录入过程中，"所用时间"文本框将实时显示用户当前所用的时间。

④ 当录满 30 个字母时，结束计时，禁止向文本框录入内容，并显示打字的"准确率"。

⑤ 再次单击"产生原稿文"按钮时，重来一次打字练习。

（2）创建如图 8.10 所示的运行界面。

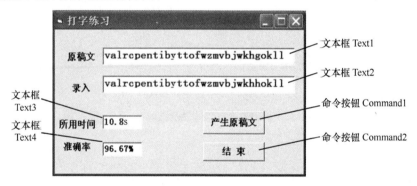

图 8.10　运行界面

（3）编写代码：

```
Dim t As Single, f As Integer
Private Sub Command1_Click()              '产生原稿文
    Randomize
    s=""
    For k=1 To 30
        x=Chr(Int(Rnd * 26)+97)           '随机产生小写字母
        s=s+x
    Next k
    Text1.Text=s                          '显示在"原稿文"文本框中
    Text2.Text=""
    Text2.Locked=False                    '允许录入
```

```
        Text2.SetFocus                              '设置焦点
        Text3.Text=""
        Text4.Text=""
        f=0                                         '第 1 次按键标记，0 表示未按键
    End Sub
    Private Sub Command2_Click()                    '结束
        End
    End Sub
    Private Sub Text2_KeyUp(KeyCode As Integer, Shift As Integer)
        Dim c As Integer, k As Integer
        If f=0 Then                                 '第 1 次按键时，开始计时
            t=Timer                                 '用 t 保存第 1 次按键的时间
            f=1                                     '1 表示已按键和进入录入过程
        End If
        If Len(Text2.Text) < 30 Then
            Text3. Text=Round(Timer－t, 1) & "s"     '显示用户当前所用时间
        Else
            c=0
            For k=1 To 30                           '统计录入正确的字母个数
                If Mid(Text1.Text, k, 1)=Mid(Text2.Text, k, 1) Then
                    c=c+1
                End If
            Next k
            Text2.Locked=True                       '禁止录入
            Text4.Text=Round(c / 30 * 100, 2) & "%" '显示准确率
        End If
    End Sub
```

说明：KeyUp 是释放按键事件，见 10.1.1 节。

（4）保存程序后对程序进行测试，并回答下列两个问题：

① 如果要求随机产生的是 30 个大写字母的原稿文，程序应该如何修改？

② 如果录入时不区分大小写，即用户采用大写字母录入或小写字母录入都算正确，应该如何修改程序？

第9章　数据文件与文件管理

前面学习的应用程序所处理的数据都存储在变量、数组或控件中，即数据只能保存在内存中，当退出应用程序时，数据不能保存下来。因此，在程序设计中引入数据文件的概念，使用数据文件可以将应用程序所处理的数据以文件的形式保存起来，以备使用。通过 VB 中的相关语句可以存储、读取和修改数据文件。

本章主要介绍 VB 中数据文件的存取操作，以及使用 VB 提供的控件和方法对各类文件（数据文件、程序文件等）及文件夹的管理。

9.1　数据文件

9.1.1　数据文件的概念

1. 数据文件的结构

数据文件是存放在外存储器（如磁盘）上的数据集合。为了迅速有效地存取数据，数据文件必须以某种特定方式来存储数据，这种方式称为文件结构。

VB 数据文件由记录组成，记录由字段组成，字段由字符组成。

（1）字符（Character）：数据的最小单位。数字、字母、符号和汉字都可以表示为一个字符。当计算字符串长度时，一个西文字符和一个汉字都作为一个字符计算。

（2）字段（Field）：也称域，它由若干个字符组成，用来表示一项数据，如姓名、学号、出生日期等都可以作为一个字段。

（3）记录（Record）：由若干相关的字段组成，如每个学生的成绩数据都可视为一条记录，其中包括学号及各科成绩。

（4）文件（File）：由一批记录组成，如某个班若干学生的成绩记录就构成了一个成绩文件。

2. 数据文件的类型

数据文件按数据的存放方式，可分为以下三种类型。

（1）顺序文件：这是一种普通的文本文件。一条记录是一个数据块。文件中的记录按顺序一个接一个地排列。在存取时，只能按记录的先后次序进行，如先写入第一条记录，再写入第二条记录，依次下去；读文件时，也必须从第一条记录开始。由于无法灵活地随意存取，它只适用于有规律的、不经常修改的数据。

（2）随机文件：随机文件由一系列长度相同的记录组成，而每条记录可以包含若干个数据项。每一条记录都有一个记录号，通过记录号可以直接访问某个特定记录，也就是可以随机访问。随机文件的优点是数据的读/写速度快，更新方便，但数据组织较为复杂。

（3）二进制文件：二进制文件由一系列字节组成，没有固定的格式，其数据存取是以字节为单位进行的，可以直接读取或修改文件中的任意字节。

3．数据文件处理的一般步骤

（1）打开（或新建）文件。一个文件必须先打开或新建后才能使用。

（2）进行读/写操作。打开（或创建）文件后，就可以进行所需的输入/输出操作。例如，从数据文件中读出数据到内存，或者把内存中的数据写入数据文件。

为了记住当前读/写的位置，文件内部设置了一个指针，当存取文件中数据时，文件指针随之移动。

（3）关闭文件。

9.1.2　顺序文件

1．顺序文件的打开和关闭

（1）打开顺序文件

打开顺序文件使用 Open 语句。一般语法格式为

　　　Open　文件名　For　模式　As [#]文件号

说明：

① 文件名：指定要打开的文件。文件名还可包括路径。

② 模式：用于指定文件访问的方式。

模式包括以下三种方式：

Append——从文件末尾添加；Input——顺序输入；Output——顺序输出。

当使用 Input 模式时，文件必须已经存在，否则会产生一个错误；以 Output 模式打开一个不存在的文件时，则创建一个新文件，如果该文件已经存在，则删除文件中的原有数据，从头开始写入数据。用 Append 打开文件或创建一个新的顺序文件后，文件指针位于文件的末尾。

③ 文件号：对文件进行操作需要一个内存缓冲区（或称文件缓冲区），缓冲区有多个，文件号用来指定该文件使用的是哪一个缓冲区。在文件打开期间，使用文件号即可访问相应的内存缓冲区，以便对文件进行读/写操作。文件号是 1～511 的整数。

例如：

　　　Open "D:\Cj1.txt" For Output As #1

表示以 Output 模式打开 D 盘根文件夹下的 Cj1.txt 文件，文件号为 1。

（2）关闭顺序文件

打开的文件使用结束后必须关闭。关闭文件的语法格式：

　　　Close [[#]文件号 1[, [#]文件号 2…]]

当 Close 语句没有参数时（Close），将关闭所有已打开的文件。

例如，执行以下语句

　　　Close #1

将关闭文件号为 1 的文件。

除用 Close 语句关闭文件外，在程序结束时将自动关闭所有打开的数据文件。

2．顺序文件的写入操作

要把数据写入顺序文件，应以 Output 或 Append 模式打开文件，然后使用 Write#语句或 Print语句将数据写入文件。

（1）Write 语句

语法格式：Write #文件号[,表达式表]

功能：将表达式的值写到与文件号相关的顺序文件中，表达式之间可用分号或逗号隔开。

例如，要把字符串"Good Afternoon"和数值 2002 写入 1 号文件，可采用

```
Write #1, "Good Afternoon", 2002
```

【例 9.1】 将 1～50 的 50 个整数，以及这些数中能被 7 整除的数分别存入两个文件，文件名为 Num1 和 Num2，文件存放在当前文件夹下。

代码如下：

```
Private Sub Form_Load()
    Open "Num1.txt" For Output As #1
    Open "Num2.txt" For Output As #2
    For i=1 To 50
        Write #1, i
        If i Mod 7=0 Then Write #2, i
    Next i
    Close #1, #2
    Unload Me
End Sub
```

程序运行后，Num1.txt 文件中一共写入 50 条记录，Num2.txt 文件中只写入能被 7 整除的若干记录。

【例 9.2】 在例 9.1 所生成的 Num2.txt 文件中存放了若干能被 7 整除的数，现要求再加入 51～200 范围内能被 7 整除的数。代码如下：

```
Private Sub Form_Load()
    Open "Num2.txt" For Append As #1
    For i=51 To 200
        If i Mod 7=0 Then Write #1, i
    Next i
    Close #1
    Unload Me
End Sub
```

（2）Print 语句

语法格式：Print #文件号[,表达式表]

Print 语句的作用与 Write 一样，它将一个或多个表达式的值写到与文件号相关的顺序文件中，其输出数据格式与 Print 方法在窗体上输出格式相似。例如：

```
Print #1,num,name,cj          '对应按区格式
Print #1,num;name;score       '对应紧凑格式
```

3．顺序文件的读出操作

要进行顺序文件的读出操作，先要用 Input 模式打开文件，然后采用 Input 语句或 Line Input 语句从文件中读出数据。通常，Input 语句用来读出由 Write 写入的记录内容，Line Input 语句用来读出由 Print 写入的记录内容。

（1）Input 语句

语法格式：Input #文件号,变量名表

功能：从指定文件中读出一条记录，存放在变量中，其中变量个数和类型应该与要读取的记录所存储的数据一致。

VB 采用文件指针来记住当前记录的位置。打开文件时，文件指针指向文件中的第 1 条记录，以后每读取一条记录，指针就向前推进一次。如果要重新从文件的开头读数据，应先关闭文件再打开。

【例 9.3】 已知文件 Num2.txt 中存放了一批能被 7 整除的数（见例 9.1 及例 9.2），现要求读出这些数并显示出来，要求每行显示 4 个数。代码如下：

```
Private Sub Form_Click()
    k=0
    Open "Num2.txt" For Input As #1
    Do While Not EOF(1)                '没到文件尾时，循环
        Input #1, x
        Print x,
        k=k+1
        If k Mod 4=0 Then Print        '每显示 4 个数后换行
    Loop
    Close #1
End Sub
```

说明：其中 EOF(1)用于判断文件指针是否到达文件尾。如果是（文件数据已读完），函数值为 True，否则值为 False。括号内的数字 1 表示文件号。

（2）Line Input 语句

语法格式：Line Input #文件号,字符型变量

功能：从打开的顺序文件中读出一条记录，即一行信息。

【例 9.4】 Print 语句和 Line Input 语句配合使用的示例。

```
Private Sub Form_Click()
    Dim a As Integer, b As String, x As string
    Open "Mytxt.txt" For Output As #1
    a=1234: b="ABCD"
    Print #1, a, b                     '写入第 1 条记录
    Print #1, a; b                     '写入第 2 条记录
    Close #1
    Open "Mytxt.txt" For Input As #1
    Line Input #1, x                   '读出第 1 条记录
    Print x
    Line Input #1, x                   '读出第 2 条记录
    Print x
    Close #1
End Sub
```

运行结果如图 9.1 所示。

图 9.1　运行结果

（3）Input 函数

语法格式：Input(字符数,#文件号)

功能：从文件中读取指定字符数的字符。例如，A=Input(20,#1)表示从文件号为 1 的顺序文件中读取 20 个字符。

上面已经介绍了顺序文件的存取操作。顺序文件的缺点是，不能快速地存取所需的数据，也不容易进行数据的插入、删除和修改等操作，因此，若要经常修改数据或取出文件中的个别数据，均不适用。但对于数据变化不大，每次使用时需要从头往后顺序读/写的情况，它不失为一种好的文件结构。

9.1.3　随机文件

在随机文件中，可以直接而迅速地读取到所需要的记录，不必从头往后顺序地进行。它之所以能够如此，是因为随机文件中每条记录都有记录号，并且记录长度完全相同（定长），通过指定记录号就可以算出记录所在位置，然后进行写入或读出。

访问随机文件大致包括以下一些操作：

（1）定义记录类型及其变量；

（2）指定 Random 模式打开随机文件；

（3）通过 Get 或 Put 语句读一条记录或写一条记录；

（4）关闭随机文件。

1．随机文件的打开和关闭

打开随机文件使用 Open 语句。其语法格式为：

  Open　文件名　For Random As [#]文件号　[Len=记录长度]

说明：

（1）指定的文件名不存在时创建该文件，存在时打开文件。打开文件后，既可以读，也可以写。

（2）Len 用于指定记录长度，记录长度的默认值是 128 字节。

随机文件的关闭与顺序文件相同。

2．随机文件的读操作

使用 Get 语句可以从随机文件中读取记录，其语法格式为：

  Get #文件号, [记录号], 变量名

该语句从随机文件中读取一个由记录号指定的记录，并存放在记录变量中。

说明：记录号是大于或等于 1 的整数，表示要读取的是第几条记录，如果省略不写（默认记录号），则表示当前记录。变量名是接收记录内容的记录变量名。记录变量的数据类型应与文件中记录的数据类型一致。

例如：Get #1, 2, nv

表示把 1 号文件中第 2 条记录读到 nv 变量中。

不管是读操作还是写操作，对随机文件指定的记录进行操作后，文件指针将自动移到所操作记录的下一条记录上。

3. 随机文件的写操作

使用 Put 语句可以向随机文件中写入数据，其语法格式为：

Put #文件号, [记录号], 变量名

该语句将一个记录变量的内容写入所打开的随机文件指定的记录位置处。

说明：记录号是大于或等于 1 的整数，表示要写入的是第几条记录。如果省略记录号，则在当前记录位置处写入一条记录。

向文件尾添加记录时，若不知已有多少条记录，可用 LOF 函数（它返回打开文件的长度）除以记录长度来计算记录总数，即下一个要添加的记录的记录号为：

LOF(文件号)/记录长度+1   '记录总数=LOF(文件号)/记录长度

例如，要向 1 号文件的文件尾添加记录，可以算出要添加记录的记录号为：

LOF(1)/ Len(nv)+1   'nv 为记录类型变量

【例 9.5】 创建一个随机文件"data1.dat"，文件中包含 10 条记录，每条记录由一个数（1～10）的平方、立方和开方根三个数值组成，以该数作为记录号。存入全部记录后，再读出记录号为 2、6、10 的三条记录。

下列程序中，先用 Type…End Type 语句定义一个记录类型 Numval，Numval 包含与文件中记录相一致的三个字段，再定义一个记录类型变量 nv, nv 变量也就包含该类型的三个字段了，以后可通过 nv.squre、nv.cube、nv.sqroot 进行引用。Type…End Type 语句通常在标准模块中使用，若放在窗体模块中，则应加上关键字 Private。

代码如下：

```
Private Type Numval            '定义记录类型 Numval
    squre As Integer           '本记录由 squre、cube、sqroot 三个字段组成
    cube As Long
    sqroot As Single
End Type
Dim nv As Numval               '定义一个 Numval 类型的变量 nu
Private Sub Form_Click()
    Open "Rand.dat" For Random As #1 Len=Len(nv)
    For i=1 To 10               '写入 10 条记录
        nv.squre=i * i
        nv.cube=i * i * i
        nv.sqroot=Sqr(i)
        Put #1, i, nv           '写入记录，记录号为 i; 也可采用默认记录号，即 Put #1,,nv
    Next i
    For i=2 To 10 Step 4        '读出其中 3 条记录
        Get #1, i, nv           '读出第 i 条记录
        Print "第"; i; "条记录:", nv.squre, nv.cube, nv.sqroot
    Next i
```

```
        Close #1
    End Sub
运行结果是：
    第 2 条记录         4          8          1.414214
    第 6 条记录         36         216        2.44949
    第 10 条记录        100        1000       3.162278
```

【例 9.6】 编写一个学生成绩录入及查询程序，并使用随机文件存储学生资料。

采用 Type…End Type 语句定义学生资料记录类型 student。在窗体上用三个文本框输入或显示一个学生的资料。7 个按钮分别表示新增记录、修改记录、结束、首记录、后移、前移、末记录，如图 9.2 所示。

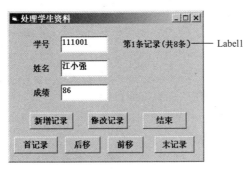

图 9.2 处理学生资料

代码如下：

```
    Private Type student                '定义记录类型 student
        xh As String * 6                '本记录包含 xh、xm、cj 三个字段
        xm As String * 8
        cj As Integer
    End Type
    Dim st As student                   '定义一个 student 类型的变量 st
    Dim no As Integer                   '定义记录号 no 为模块级变量
    Private Sub Form_Load()
        Open "D:\stu.dat" For Random As #1 Len=Len(st)    '打开文件
        If LOF(1)=0 Then
            no=0
            Label1. Caption="文件中没有记录"
        Else
            no=1
            Call GetRec
        End If
    End Sub
    Private Sub Cmdend_Click()          '结束
        Close #1
        End
```

```
    End Sub
    Private Sub Cmdadd_Click()           '新增记录
        st.xh=Text1.Text
        st.xm=Text2.Text
        st.cj=Val(Text3.Text)
        no=LOF(1)/ Len(st)+1
        Put #1, no, st
        Label1.Caption="新增第" & no & "条记录"
    End Sub
    Private Sub Cmdupdate_Click()        '修改记录
        st.xh=Text1. Text
        st.xm=Text2. Text
        st.cj=Val(Text3. Text)
        Put #1, no, st
        Label1. Caption="修改第" & no & "条记录"
    End Sub
    Private Sub Cmdfirst_Click()         '首记录
        If LOF(1)=0 Then
            Label1. Caption="文件中没有记录"
            Exit Sub
        End If
        no=1
        Call GetRec
    End Sub
    Private Sub Cmdlast_Click()          '末记录
        If LOF(1)=0 Then
            Label1.Caption="文件中没有记录"
            Exit Sub
        End If
        no=LOF(1)/ Len(st)
        Call GetRec
    End Sub
    Private Sub Cmdnext_Click()          '后移
      If no=LOF(1)/ Len(st) Then
            Label1. Caption="没有下一条记录"
            Exit Sub
        End If
        no=no+1
        Call GetRec
    End Sub
    Private Sub Cmdprev_Click()          '前移
```

```
        If no <=1 Then
            Label1. Caption="没有上一条记录"
            Exit Sub
        End If
        no=no－1
        Call GetRec
    End Sub
    Sub GetRec()                        'GetRec 过程
        Get #1, no, st
        Text1. Text=st.xh
        Text2. Text=st.xm
        Text3. Text=st.cj
        Label1. Caption="第" & no & "条记录(共" & LOF(1)/ Len(st) & "条)"
    End Sub
```

9.1.4   二进制文件

二进制文件的访问模式为 Binary，其读/写操作与随机文件类似，也是使用 Get 语句和 Put 语句，区别在于二进制文件的存取单位是字节，而随机文件的存取单位是记录。与随机文件一样，二进制文件一旦打开，既可以读，也可以写。

【例 9.7】把两个字符串写入二进制文件 biny.dat，从第 50 字节位置起写入第一个字符串"Visual Basic"，从第 100 字节位置起写入第二个字符串"程序设计教程"。

代码如下：

```
    Private Sub Form_Load()
        Dim txt1As String, txt2 As String,
        Open "biny.dat" For Binary As #1
        txt1="Visual Basic"
        txt2="程序设计教程"
        Put #1, 50, txt1
        Put #1, 100, txt2
        Close #1
    End Sub
```

9.2   文件基本操作

前面介绍了 VB 中数据文件的存取操作。本节及 9.3 节将介绍通用的文件（数据文件、程序文件及其他类型文件）及文件夹操作。它们不涉及文件内容，而是对文件整体操作，如删除、改名、查找等。这些操作可以在 VB 应用程序中很方便地实现。

（1）创建文件夹语句（MkDir）

语法格式：MkDir [路径]文件夹名

功能：创建一个文件夹。

示例：MkDir "D:\VB\Temp"

（2）改变当前驱动器

语法格式：ChDrive 驱动器号

功能：把指定驱动器设置为当前驱动器。

示例：ChDrive D:

（3）改变当前文件夹语句（ChDir）

语法格式：ChDir 路径

功能：改变当前文件夹。

示例：ChDir "D:\VB\Dat"

（4）删除文件夹语句（RmDir）

语法格式：RmDir [路径]文件夹名

功能：删除指定的空文件夹。

示例：RmDir "D:\VB\Temp"

（5）删除文件语句（Kill）

语法格式：Kill [路径]文件名

功能：删除指定的文件。

示例：Kill "D:\VB\Datal.dat"

　　　　Kill "D:\VB\Dat*.*"

（6）复制文件语句（FileCopy）

语法格式：FileCopy [路径 1] 源文件[,[路径 2]目标文件]

功能：把指定的源文件复制到目标位置。

示例：FileCopy "C:\Aaa.txt","D:\Temp\Bbb.txt"

（7）文件的改名和移动

语法格式：Name 原名 As 新名

功能：更改文件的名称。

改名示例：Name "C:\Aaa.txt" As "C:\Ccc.txt"

移动示例：Name "C:\Aaa.txt" As "C:\Tmp\Aaa.txt"

说明：Name 语句不能跨越驱动器来移动文件，也不能对已经打开的文件重命名。

【例9.8】 在"我的文档"（假设为 C:\My Documents）文件夹中创建一个新文件夹"Mydir"，然后复制文件"C:\My Documents\Cj2.txt"到新文件夹中，复制生成的文件名称由用户指定。

代码如下：

```
Private Sub Form_Click()
    Print "正在进行文件操作"
    MkDir "C:\My Documents\Mydir"
    fname=InputBox("请输入新文件名","更改文件名")
    fname="C:\My Documents\Mydir\"+fname+".txt"
    FileCopy "C:\My Documents\Cj2.txt", fname
    MsgBox "已完成要求的操作"
End Sub
```

（8）文件查找函数 Dir

函数格式：Dir(文件名)

或　　　　　　　Dir

功能：在指定文件夹中查找所有文件或某类文件。

其中，文件名是待查找的文件名，可以含有路径及通配符"*""?"等。Dir（文件名）用于首次查找，以后每次查找可以只使用 Dir 而不带参数。Dir 函数的返回值代表每次查找得到的文件名，若返回值为空，则表示没有找到。

示例：

　　strfind="C:\windows*.doc"

　　If Dir(strfind)="" Then

　　　　MsgBox "找不到 Word 文档文件!!"

　　End If

（9）调用应用程序

调用各种应用程序可以通过 Shell 函数来实现。

语法格式：Shell(命令字符串[,窗口类型])

其中，命令字符串是要执行应用程序的文件名（包括路径），它必须是可执行文件，其扩展名为.COM、.EXE、.BAT 或.PIF。窗口类型用来指定应用程序窗口的大小，可选择 0~4 或 6 的整型数值。一般值为 1 时，表示正常窗口状态；值为 2 时，表示窗口会以一个具有焦点的图标来显示。

例如，要打开 Windows 的记事本，可以采用以下语句：

　　x=Shell("C:\Windows\notepad.exe",1)

9.3　文件系统控件

为方便用户使用文件系统，VB 工具箱中提供了三种文件系统控件：驱动器列表框（DriveListBox）、目录列表框（DirListBox）和文件列表框（FileListBox）。这三种文件系统控件可以单独使用，也可以组合使用。如图 9.3 所示为文件系统控件组合使用的示例。

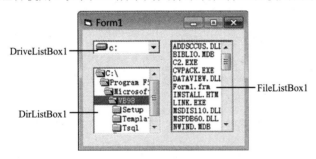

图 9.3　文件系统控件组合使用的示例

这三种文件系统控件的主要作用如下。

（1）驱动器列表框：列出系统中所有有效的磁盘驱动器（盘符），可供用户从中选择所需的驱动器。

（2）目录列表框：以分层的形式列出当前盘的目录结构（文件夹列表），当双击某个目录时，将打开该目录并显示其子目录。

（3）文件列表框：列出指定目录下的文件，可供用户从中选择要操作的文件。

1．常用属性

（1）Drive 属性：用于 DriveListBox 控件，指定出现在列表框顶端的驱动器（当前驱动器）。通过在程序中设置或在运行中单击驱动器列表框选项，可以改变 Drive 属性，以选定驱动器。

（2）Path 属性：用于 DirListBox 控件和 FileListBox 控件，只能在程序中设置，其格式为：

对象.Path=路径

（3）Pattern 属性：用于 FileListBox 控件，在程序运行时设置其中要显示的文件类型，如

File1.Pattern="*.exe"

（4）FileName 属性：用于 FileListBox 控件，在文件列表框中设置或返回某个选定的文件名称，可以带有路径和通配符，因此可用它设置 Drive、Path 或 Pattern 属性。

（5）List 属性：该属性中含有列表框中所有项目的数组，可用来设置或返回各种列表中的某个项目，其格式为

[窗体.]控件.List(索引值)

这里的控件可以是驱动器列表框、目录列表框或文件列表框。索引值是某种列表框中项目的下标（从 0 开始）。

（6）ListIndex 属性：用于三种文件系统控件，设置或返回当前控件上所选择的项目的索引值。DriveListBox 控件和 FileListBox 控件中列表框的第一项索引值从 0 开始。当 FileListBox 控件没有文件显示时，ListIndex 属性值为-1。

（7）ListCount 属性：用于三种文件系统控件，返回控件内所列项目的总数。

2．常用事件

三种文件系统控件的常用事件如表 9.1 所示。

表 9.1　三种文件系统控件的常用事件

控 件 名	事 件	触 发 条 件
DriveListBox	Change	选择新驱动器或修改 Drive 属性
DirListBox	Change	双击新文件夹或修改 Path 属性
FileListBox	PathChange	设置文件名或修改 Pattern 属性
	PatternChange	设置文件名或修改 Pattern 属性

当这三种文件系统控件组合使用时，改变驱动器列表框中的驱动器，目录列表框中显示的文件夹应同步进行改变。同样，当目录列表框中的文件夹改变时，文件列表框也应同步进行改变。实现同步的 Change 事件过程如下：

```
Private Sub Drivel_Change()              'DriveListBox 控件的 Change 事件
    Dir1.Path=Drive1.Drive               'DirListBox 控件名为 Dir1
End Sub
Private Sub Dir1_Change()                'DirListBox 控件的 Change 事件
    File1.Path=Dir1.Path                 'FileListBox 控件名为 File1
End Sub
```

习题 9

一、单选题

1. 下列关于顺序文件的叙述中，错误的是（　　）。
   - A．记录是按写入的先后顺序存放的，读出时也要按原先写入的顺序进行
   - B．每条记录的长度必须相同
   - C．不能通过编程方式随机地修改文件中某条记录
   - D．数据是以文本格式（ASCII 码值）存放在顺序文件中的，所以可通过 Windows 的记事本进行编辑

2. 使用（　　）函数，可以判断一个顺序文件是否读完。
   - A．LOC()
   - B．LOG()
   - C．LOF()
   - D．EOF()

3. 下列关于随机文件的叙述中，正确的是（　　）。
   - A．每条记录的长度不必相同
   - B．文件中的记录号是通过随机数产生的
   - C．可以通过记录号随机读取记录
   - D．文件中的记录内容是随机产生的

4. 建立一个随机文件时，应该使用（　　）来组织记录，使每一条记录由若干个字段组成。
   - A．记录类型
   - B．数组
   - C．字符串类型
   - D．对象类型

5. 如果在"D:\VB"文件夹下已存在顺序文件 Myfile1.txt，那么执行语句

   Open "D:\VB\Myfile1.txt" For Append AS #1

   之后将（　　）。
   - A．删除文件中原有内容
   - B．保留文件中原有内容，可在文件尾添加新内容
   - C．保留文件中原有内容，可在文件头开始添加新内容
   - D．可在文件头开始读取数据

6. 要从打开的顺序文件（文件号为 1）读取数据，下列语句中错误的是（　　）。

   A.Input #1,x B.Line Input #1,x

   C.x=Input(1,#1) D.Input 1,x

7. 当前文件夹下有一个顺序文件 Myfile2.txt，它是执行以下程序段后生成的：

   Open "Myfile2.txt" For Output As #1

   For k=1 To 5

   　　If k<4 Then Write #1, k

   Next k

   Close #1

   当采用 Windows 的记事本打开该文件时，显示的结果是（　　）。

A.	1	B.	1	C.	2	D.	2
	2		1		3		3
	3		2		4		3

8. 打开第 7 题生成的顺序文件 Myfile2.txt，读取文件中的所有数据，并将数据直接显示在窗体上，完成下列程序段。

```
f="Myfile2"
Open (1) For Input AS #1
Do While (2)
    Input #1,x
    Print x
Loop
Close #1
```

（1）A．"f .txt"　　　B．"f " & ".txt"　　　C．f.txt　　　D．f & ".txt"

（2）A．True　　　B．False　　　C．EOF(1)　　　D．Not EOF(1)

9. 要将文件 "E:\Cj2.txt" 移动到文件夹 "E:\Temp" 下，文件名改为 "Newcj.txt"，采用的 VB 语句是（　　）。

A．FileCopy "E:\Cj2.txt", "E:\Temp\Newcj.txt"

B．Name "E:\Cj2.txt" As "E:\Temp\Newcj.txt"

C．Name "E:\Temp\Newcj.txt" As "E:\Cj2.txt"

D．FileCopy "E:\Cj2.txt" As "E:\Temp\Newcj.txt"

10. 当改变驱动器列表框的 Drive 属性值时，将触发事件（　　）。

A．Change　　　B．Scroll　　　C．KeyDown　　　D．KeyUP

11. 在文件列表框中，用于设置或返回所选文件的路径和文件名的属性是（　　）。

A．File　　　B．FilePath　　　C．Path　　　D．FileName

二、填空题

1. 随机文件使用＿＿＿＿（1）＿＿＿＿语句读数据，使用＿＿＿＿（2）＿＿＿＿语句写数据。

2. 在当前文件夹下创建一个顺序文件 Myfile3.txt，然后写入三个学生的学号及手机号码。

```
Private Sub Form_Click()
    ___(1)___ As #1
    For k=1 To 3
        StNo=InputBox("学号:")
        StMb=InputBox("手机号码:")
        ___(2)___
    Next k
    ___(3)___
End Sub
```

3. 读取第 2 题创建的顺序文件 Myfile3.txt，把所有的数据显示在窗体上。

```
Private Sub Form_Click()
    ___(1)___
    Do Until___(2)___
        ___(3)___
        Print StNo, StMb
    Loop
    Close #1
End Sub
```

上机练习 9

1. 先使用记事本创建一个文本文件"静夜思.txt"，如图 9.4 所示，再设计程序读取和显示该文本文件，如图 9.5 所示。

图 9.4　文本文件

图 9.5　运行界面

2. 在窗体上创建两个列表框和 4 个命令按钮，如图 9.6 所示。单击"产生随机数"按钮，产生 20 个 1～99 的随机整数，并显示在"原始数据"列表框中；单击"保存"按钮时，把这 20 个随机整数存放在顺序文件 Myfile4.txt 中；单击"读出"按钮时，从该顺序文件中取出所有数据，并显示在"文件中数据"列表框中；单击"结束"按钮时，即可结束程序的运行。

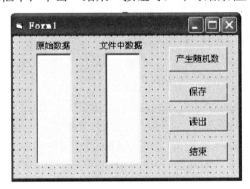

图 9.6　设计界面

3. 模仿例 9.5 创建一个有 10 条记录的随机文件，每条记录有两个数据项，分别存放一个 1 位数和一个 3 位数，都是由随机函数产生。程序先写入数据，然后读出数据，并求每条记录中 2 个数值之积，以及累计这些积数的总和，最后在消息框中显示总和数。

4. 设计程序，实现以下操作：

（1）判断"我的文档"文件夹下是否存在 fsodir 文件夹，若不存在，则创建该文件夹。

（2）判断系统文件夹（假设为 C:\Windows）下是否存在程序文件 notepad.exe（记事本），若存在，则复制该文件到"我的文档"的 fsodir 文件夹下，并改名为 mynotepad.exe。

【提示】要判断某个文件夹是否存在，可以使用带参数的 Dir 函数，格式为 Dir（文件夹名, 16），当没有找到指定文件夹时，函数值为空，否则函数值非空。

示例：

```
If Dir("G:\第 9 章",16)="" Then
    MsgBox " "G:\第 9 章"文件夹不存在!!!"
End If
```

5. 按照以下给出的用户界面和代码，创建一个用于检查各章上机练习题完成情况的简单程序。

假设各章上机练习题程序存放在路径为"D:\VB\第 X 章"的文件夹下。

（1）按照图 9.7 设计界面。运行中，当用户指定章号和题号后单击"检查"按钮，程序将查找是否存在该上机练习题的.vbp 程序文件，如果存在.vbp 程序文件，则继续查找是否存在该练习题的.exe 程序文件。如果存在.exe 程序文件，则通过消息框提问"是否要运行测试该应用程序？"若用户按"是"按钮，则运行该练习题的.exe 文件。退出指定上机练习题程序后又返回本题程序。

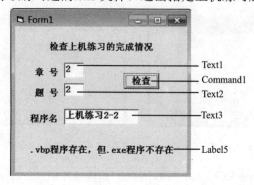

图 9.7 运行界面

（2）代码如下：

```
Private Sub Command1_Click()              '检查
    Dim c As String, t As String, pdir As String, pnam As String
    Dim pvbp As String, pexe As String, y As Integer
    c = Trim(Text1. Text)                 '章号
    t = Trim(Text2. Text)                 '题号
    pdir = "D:\VB\第" & c & "章\"           '上机练习题程序的路径
    pnam = "上机练习" & c & "-" & t         '上机练习题名
    pvbp = pdir & pnam & ".vbp"           '上机练习题的.vbp 文件名(含路径)
    pexe = pdir & pnam & ".exe"           '上机练习题的.exe 文件名(含路径)
    Text3. Text = pnam
    If Dir(pvbp) = "" Then                 '判断.vbp 文件是否存在
        Label5. Caption = ".vbp 程序不存在！"
    Else
        If Dir(pexe) = "" Then             '判断.exe 文件是否存在
            Label5. Caption = ".vbp 程序存在，但.exe 程序不存在！"
        Else
            Label5.Caption = ".vbp 程序和.exe 程序都存在！"
            y = MsgBox("是否要运行测试该应用程序？", 4 + 32 + 0, "请确认")
            If y = 6 Then                  '按下"是"按钮返回值为6
                y = Shell(pexe, 1)         '调用 Shell 函数执行.exe 程序
            End If
        End If
    End If
End Sub
```

第 10 章　菜单及对话框

10.1　键盘与鼠标事件

窗体和大多数控件都能响应键盘和鼠标事件。利用键盘事件，可以响应键盘的操作、解释和处理 ASCII 字符。利用鼠标事件，可以跟踪鼠标的操作、判断操作的是哪个鼠标键等。此外，VB 还支持鼠标拖放（DragDrop）方法。

10.1.1　键盘事件

VB 提供多种事件处理键盘操作，如 KeyPress、KeyDown 和 KeyUp 等。这些事件可用于窗体和其他可接收键盘输入的控件。

1. KeyPress 事件

当按下键盘上的某个键时，将触发 KeyPress 事件。该事件只能处理与 ASCII 字符相关的键盘操作。KeyPress 事件过程格式及应用见 3.4.2 节。

2. KeyDown 事件和 KeyUp 事件

在按键过程中，除触发 KeyPress 事件外，还会触发另外两种事件：KeyDown 事件和 KeyUp 事件。按下键时触发 KeyDown 事件，放开（释放）键时触发 KeyUp 事件。这两种事件过程的语法格式如下：

        Private Sub 对象名_KeyDown(KeyCode As Integer,Shift As Integer)
        Private Sub 对象名_KeyUp(KeyCode As Integer,Shift As Integer)

其中，参数 KeyCode 是一个按下键的代码，如输入字符 A 或 a 时，KeyCode 的值为 65。参数 Shift 表示 Shift 键、Ctrl 键和 Alt 键三个控制键的按下状态，该参数为 1、2 或 4 时，分别表示 Shift 键、Ctrl 键或 Alt 键被按下。参数 Shift 为 0 时表示没有按下任何控制键，为 3 时表示同时按下 Shift 键和 Ctrl 键，为 5 时表示同时按下 Shift 键和 Alt 键，其余类推。

当输入字母 A 或 a 时，KeyDown 事件和 KeyUp 事件都获得相同的 A 的 ASCII 码值（65），因此必须使用 Shift 参数来区分大小写。与此不同的是，KeyPress 事件将字母的大小写形式作为两个不同的 ASCII 码值处理。KeyDown 事件和 KeyUp 事件除可以识别 KeyPress 事件能识别的键外，还可识别键盘上的大多数键，如功能键、编辑键、定位键和数字小键盘上的键。

还要说明，在默认情况下，控件的键盘事件优先于窗体的键盘事件，因此在发生键盘事件时，窗体中获得焦点的控件将直接响应键盘事件。如果希望窗体先接收键盘事件，则必须把窗体的 KeyPreview 属性设置为 True。

【例 10.1】　如图 10.1 所示，在窗体上添加一个文本框和一个标签，当在文本框中输入某个英文字母时，在标签中就会显示该字母及其 ASCII 码值。（注：直接按字母键时为小写字母，同时按下 Shift 键和字母键时为大写字母。）

代码如下：

Private Sub Text1_KeyDown(KeyCode As Integer, Shift As Integer)

```
Dim keyasc As Integer
If Shift = 1 Then
    keyasc = KeyCode
Else
    keyasc = KeyCode + 32
End If
Text1.Text = ""
Label1.Caption = Chr(keyasc) & "的 ASCII 码值是:" & keyasc
```
End Sub

运行结果见图 10.1。

图 10.1　运行界面

通过本程序，读者也可以验证附录 A 中字母所对应的 ASCII 码值。

10.1.2　鼠标事件

除 Click 和 DblClick 事件外，常用的鼠标事件还有 MouseUp、MouseDown 和 MouseMove。当鼠标指针位于窗体上方时，窗体将识别鼠标事件。当鼠标指针在控件上方时，控件将识别鼠标事件。

当按下任意一个鼠标键时触发 MouseDown 事件，放开（释放）鼠标键时触发 MouseUp 事件。当移动鼠标时触发 MouseMove 事件，伴随着鼠标指针在对象上移动，MouseMove 事件会连续不断地产生。

与 Click 事件、DoubleClick 事件不同的是，上述三种鼠标事件可以区分鼠标的左键、右键、中键与 Shift 键、Ctrl 键、Alt 键，并可识别和响应各种鼠标状态，其事件过程的语法格式为（以 MouseDown 事件为例）：

Private Sub 对象名_MouseDown(Button As Integer,Shift As Integer,X As Single,Y As Single)

其中：

（1）Button 参数表示哪个鼠标键被按下或释放。它可以取三个值：Button=1 表示用户按下鼠标左键；Button=2 表示按下鼠标右键；Button=4 表示按下鼠标中键。

（2）Shift 参数表示当鼠标键被按下或释放时，Shift 键、Ctrl 键、Alt 键的按下或释放状态。参数 Shift=1，表示用户按下 Shift 键；Shift=2，表示按下 Ctrl 键；Shift=4，表示按下 Alt 键。用户可能同时按下多个键，此时 Shift 参数值为相应值之和，如同时按下 Ctrl 键和 Shift 键时，Shift 参数值为 3（=2+1）。

（3）X、Y 表示鼠标指针的当前坐标位置。

【例 10.2】　下列事件过程将 MouseDown 事件与 Move 方法结合起来使用，实现命令按钮 Command1 位置的移动。当单击鼠标左键时把按钮的位置移动到鼠标指针的位置，单击鼠标右键时把按钮的位置移动到窗体的左上角位置（坐标原点）。

代码如下：

```
Private Sub Form_MouseDown(Button As Integer, Shift As Integer, X As Single, Y As Single)
    If Button=1 Then                          '单击鼠标左键时
        Command1.Move X, Y                    '移动到鼠标指针的位置
    Else
        Command1.Move 0, 0                    '移动到窗体的左上角
    End If
End Sub
```

10.1.3　拖放操作

拖放（DragDrop）就是使用鼠标将对象从一个地方拖动到另一个地方再放下。它可以分解为两个操作：一个是发生在源对象的"拖"（Drag）操作，另一个是发生在目标对象上的"放"（Drop）操作。

1．属性

（1）DragMode 属性：用于设置拖放方式。若 DragMode 属性设置为 1，则启用自动方式，它允许用户采用鼠标拖放源对象到目标对象上。当释放鼠标按键时，在目标对象上产生 DragDrop 事件。若 DragMode 属性设置为 0（默认），启用手动方式，则必须通过代码来设定拖放操作何时开始和结束。

（2）DragIcon 属性：设置拖放操作时显示的图标，默认情况下是将源对象的灰色轮廓作为拖动图标。

2．事件

（1）DragDrop 事件：当一个完整的拖放动作完成时被触发。它可用来实现在拖放操作完成时要进行的处理，其事件过程的语法格式为：

```
Private Sub 对象_DragDrop(Source As Control, X As Single, Y As Single)
```

其中，Source 表示正在被拖动的源对象，X 和 Y 表示鼠标指针在目标对象中的坐标。

说明：与传统的程序设计语言不同，VB 还允许用对象，即控件或窗体作为过程的参数，形式参数的类型一般为 Control（控件）或 Form（窗体），其使用示例见例 10.3。

（2）DragOver 事件：当源对象被拖动到目标对象上时，在目标对象上会触发 DragOver 事件。本事件先于 DragDrop 事件。DragOver 事件可用来设置被拖动对象放在目标对象上之前的状态，如加亮目标，显示一个特定的拖动指针等，其事件过程的语法格式为：

```
Private Sub 对象_DragOver(Source As Control, X As Single, Y As Single,State As Integer)
```

其中，State 参数取值为 0、1 或 2。0 表示进入，即源对象正进入目标对象内；1 表示离开，即源对象正在离开目标对象；2 表示跨越，即源对象在目标对象范围内移动位置。

3．方法

常用的有 Drag 方法。Drag 方法的语法格式为：

```
对象.Drag [动作]
```

动作的取值为 0 时，表示取消拖动操作；取值为 1 时，表示启动拖动操作；取值为 2 时，表示结束拖动操作。

【例 10.3】 采用自动方式，实现文本框的拖动操作。

在窗体上创建一个文本框 Text1，文本框内存放默认的文本内容"Text1"。要实现文本框在窗体上拖动，应先将文本框的 DragMode 属性设置为 1（自动方式），再增加一个 Form_DragDrop 事件过程，代码如下：

```
Private Sub Form_DragDrop(Source As Control, X As Single, Y As Single)
    Source.Move X,Y              '移动对象位置
End Sub
```

【例 10.4】 采用手动方式，实现文本框的拖动操作。

本程序的用户界面如例 10.3，文本框的 DragMode 属性设置为 0（手动方式），代码如下：

```
Private Sub Form_DragDrop(Source As Control, X As Single, Y As Single)
    Source. Move X,Y             '移动对象位置
End Sub

Private Sub Text1_MouseDown(Button As Integer, Shift As Integer, X As Single, Y As Single)
    Text1.Drag 1                 '启动拖动操作
End Sub

Private Sub Text1_MouseUp(Button As Integer, Shift As Integer, X As Single, Y As Single)
    Text1.Drag 2                 '结束拖动操作
End Sub
```

【例 10.5】 把文本框中的选定文本拖放到图片框内显示出来。

（1）在窗体上创建一个图片框（Picture1）和一个文本框（Text1），文本框的 Text 属性为空。

（2）代码如下：

```
Private Sub Form_Load()
    Text1.DragMode=0             '手动方式
End Sub

Private Sub Picture1_DragDrop(Source As Control, X As Single, Y As Single)
    Picture1.CurrentX=X          '以鼠标位置为当前显示起始位置
    Picture1.CurrentY=Y
    Picture1.Print Text1.SelText '在图片框中显示文本框的选定内容
End Sub

Private Sub Text1_MouseMove(Button As Integer, Shift As Integer, X As Single, Y As Single)
    If Button=1 Then             'Button 为 1 时，表示按下左键
        Text1.DragMode=1         '自动方式
    End If
End Sub
```

程序运行后，用户在文本框内输入文本和用鼠标选定（通过拖动）文本；然后按住鼠标左键，把文本框拖放到图片框内，即可把已选定的文本显示在图片框内。

10.2 菜单设计

菜单对我们来说非常熟悉，在各种 Windows 应用程序中常常用到它。应用程序通过菜单为用户提供一组命令。从应用的角度看，菜单一般分为两种：下拉式菜单和弹出式菜单。

10.2.1 下拉式菜单

下拉式菜单如图 10.2 所示。在这种菜单系统中，一般有一个主菜单（也称顶层菜单），称为菜单栏，其中包括若干菜单项。每个主菜单项可以下拉出下一级菜单，称为子菜单。子菜单中的菜单项有的可以直接执行，称为菜单命令；有的菜单项可以再下拉出下一级菜单，称为子菜单项。子菜单可以逐级下拉。VB 的菜单系统最多可达 6 层。

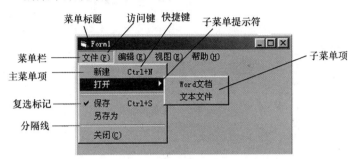

图 10.2　下拉式菜单

菜单中包含的界面元素有菜单项（主菜单项和子菜单项）、快捷键（如 Ctrl+N）、访问键（菜单项中带下画线的字母，如文件（F）、关闭（C）等）、分隔线（用于子菜单分组显示）、子菜单提示符（小三角符）、复选标记等。

10.2.2 菜单编辑器

VB 提供了设计菜单的工具，称为菜单编辑器。但这种工具不在工具箱中，启动菜单编辑器的方法是：在 VB 主窗口中选择"工具"菜单的"菜单编辑器"命令，系统弹出菜单编辑器，如图 10.3 所示。

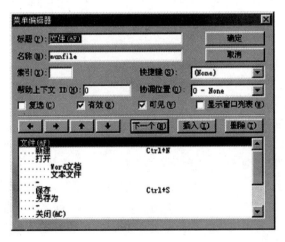

图 10.3　菜单编辑器

使用菜单编辑器可以创建一个应用程序的菜单系统。菜单编辑器分为上、下两部分，上半部分用来设置属性，下半部分是菜单显示区，用来显示用户输入的菜单内容。

下面介绍菜单编辑器的各项内容及作用。

（1）"标题"（Caption）输入框：是一个文本框，供用户输入菜单的标题，相当于菜单控件的 Caption 属性，如"文件""编辑"等。在这个文本框中输入的标题，会同时显示在菜单显示区中。

如果要通过键盘来访问菜单，使某个字符成为该菜单项的访问键，可以用"（&字符）"格式。运行时访问字符会自动加上一条下画线，"&"字符则不可见。例如，在图 10.2 中，按 Alt+F 组合键可打开"文件"子菜单，再从该子菜单中直接按 C 键就选择了"关闭"菜单项。

（2）"名称"（Name）输入框：此输入框也是一个文本框，用来设置菜单项的名称（Name 属性）。它便于在代码中访问菜单项。各级菜单中的所有菜单项的名称必须唯一，不能重名。

（3）"索引"（Index）输入框：为一个文本框，用来创建控件数组的下标。

（4）"快捷键"列表框：是一个下拉列表框，单击其右侧下拉箭头，会弹出一个列表框，其中列出可供用户选择的快捷键。

（5）"帮助上下文 ID"输入框：是菜单控件的 HelpContextID 属性，用户可以输入一个数字作为帮助文本的标识符，根据该数字（页数）在帮助文件中查找适当的帮助主题。

（6）"协调位置"列表框：单击"协调位置"框右侧下拉箭头，会出现一个列表框，用户可通过这个列表框来确定菜单是否出现或怎样出现，如 0-None（菜单项不显示）、1-Left（菜单项靠左显示）等。一般设置为 0。

（7）"复选"框：如选中"复选"框，可将一个"√"复选标记放在菜单项前面，通常用它来指出切换选项的开关状态，也可以用来指示几个模式中的哪一个模式正在起作用。

（8）"有效"框：用来设置该菜单项是否可执行，即这个菜单项是否对事件做出响应。如果不选中，这个菜单是无效的，不能被访问，呈灰色显示。

（9）"可见"框：用来决定菜单项是否可见。若不选中该框，相应的菜单项将不可见。

（10）"显示窗口列表"框：用来设置在使用多文档应用程序时，是否使菜单控件中有一个包含当前打开的多文档文件窗格（或称子窗口）的列表框。

（11）菜单显示区：用来显示输入的菜单项。它通过内缩符号（4 个点"…."）表明菜单项的层次。条形光标所在的菜单项是当前菜单项。

（12）编辑按钮：处于菜单显示区的上方，共有 7 个按钮，它们用来对输入的菜单项进行简单编辑。

① "下一个"按钮：创建下一个子菜单。

② ⬆按钮和⬇按钮：在菜单项之间移动。

③ ➡按钮：每单击一次右箭头，产生一个内缩符号（4 个点"…."），使选定的菜单下移一个等级。

④ ⬅按钮：使选定的菜单上移一个等级。

⑤ "插入"按钮：在当前选定行上方插入一行。

⑥ "删除"按钮：删除当前行。

（13）分隔线：菜单项之间的一条水平线。当菜单项很多时，可以使用分隔线将菜单项划分成多组。插入分隔线的方法是：单击"插入"按钮，在"标题"文本框中输入一个连接字符（-）。

菜单编辑完成后，单击菜单编辑器的"确定"按钮，所设计的菜单就显示在当前窗体上。

10.2.3 菜单的 Click 事件

在 VB 中，把每个菜单项看成一个控件，每个菜单项具有与其他控件类似的属性和事件。

菜单设计好后，还要为每个菜单项编写事件过程。菜单控件只识别 Click 事件。每当鼠标单击或用键盘选中后按回车键时，即触发该事件。除分隔线以外，所有菜单项都能识别 Click 事件。

【例 10.6】设计一个程序，进行两个运算数的算术运算练习，通过菜单来设置运算的位数（1～3 位数）和运算类型（加、减及乘）。

（1）按照图 10.4 设计界面，在窗体上创建两个标签、两个文本框和两个命令按钮。

图 10.4　运行界面

（2）菜单栏向用户提供功能选择，包括运算数的位数、运算符类型和退出程序。打开菜单编辑器，添加相应的菜单项，如图 10.5 所示。

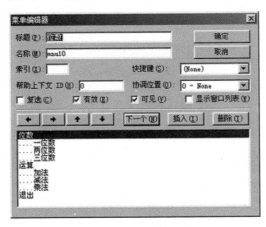

图 10.5　菜单设计

各菜单项的名称为：位数（mnu10）、一位数（mnu11）、两位数（mnu12）、三位数（mnu13）；运算（mnu20）、加法（mnu21）、减法（mnu22）、乘法（mnu23）；退出（mnu30）。

（3）编写代码：

```
Option Explicit                          '强制显式声明变量
Dim sel1 As Integer, sel2 As String, r1 As Long
Private Sub Form_Load()
    sel1=0                               '位数标记
    sel2=""                              '运算标记
    Randomize
End Sub
Private Sub Mnu11_Click()                '一位数
    sel1=1                               '设置位数标记
End Sub
Private Sub Mnu12_Click()                '两位数
    sel1=10
End Sub
Private Sub Mnu13_Click()                '三位数
    sel1=100
End Sub
```

```
Private Sub Mnu21_Click()                    '加法
    sel2="+"                                 '设置运算标记
End Sub
Private Sub Mnu22_Click()                    '减法
    sel2="-"
End Sub
Private Sub Mnu23_Click()                    '乘法
    sel2="*"
End Sub
Private Sub Command1_Click()                 '命题
    Dim a As Long, b As Long
    If sel1=0 Or sel2="" Then
        MsgBox "先选择运算数的位数和运算类型"
        Exit Sub
    End If
    a=sel1+Int(9 * sel1 * Rnd)               '随机生成指定位数的运算数
    b=sel1+Int(9 * sel1 * Rnd)
    Text1.Text=Str(a)+sel2+Str(b)+"="        '组成算式
    Select Case sel2                         '计算结果
        Case "+"
            r1=a+b                           '保存运算式结果
        Case "-"
            r1=a - b
        Case "*"
            r1=a * b
    End Select
    Text2.Text=""
    Text2.SetFocus
End Sub
Private Sub Command2_Click()                 '答题
    Dim r2 As Long
    If Text2.Text=""   Then
        MsgBox "请输入答案"
        Exit Sub
    End If
    r2=Val(Text2.Text)                       '读取用户的答案
    If r1=r2 Then                            '判断答案
        MsgBox "回答正确"
    Else
        MsgBox "回答错误"
```

```
        End If
    End Sub
    Private Sub Mnu30_Click()                    '退出
        End
    End Sub
```

程序运行后，用户从"位数"菜单中选择操作数的位数（一位数、两位数或三位数），从"运算"菜单中选择一种运算（加法、减法或乘法），单击"命题"按钮时，程序将产生指定位数的两个随机运算数，并按指定运算组成一个算式，显示在文本框 Text1 中，供用户练习。用户在文本框 Text2 中输入答案，当单击"答题"按钮时，程序将判断答案是否正确，然后通过消息框显示出"回答正确"或"回答错误"。

10.2.4 运行时改变菜单属性

1．使菜单命令有效或无效

所有的菜单项都具有 Enabled 属性，当该属性为 True（默认值）时，则菜单命令有效；若为 False 时，菜单项会变暗（灰色），则菜单命令无效。例如：

```
    Mun30.Enabled=False
```

2．显示菜单项的复选标记

有时候，需要在菜单的选项前显示一个复选标记"√"，以表示打开/关闭状态或标记几个模式中的哪一个正在起作用。

使用菜单项的 Checked 属性，可以设置复选标记。如果 Checked 属性为 True 时，则表示含有复选标记；如果为 False 时则表示消除复选标记。例如：

```
    Mun31.Checked=True
```

3．使菜单项不可见

在运行时，要使一个菜单项可见或不可见，可以在代码中设置 Visible 属性，例如：

```
    Mun30.Visible=True
```

10.2.5 弹出式菜单

弹出式菜单又称为快捷菜单，是单击鼠标右键时弹出的菜单。它能以灵活方式为用户提供方便快捷的操作。

设计弹出式菜单仍然使用 VB 提供的菜单编辑器，只要把某个顶层菜单项设置成隐藏即可。创建弹出式菜单的步骤如下：

（1）使用菜单编辑器设计菜单。

（2）设置顶层菜单项为不可见，即不选中菜单编辑器里的"可见"框或在属性窗口中设定 Visible 属性为 False。

（3）编写与弹出式菜单相关联的 MouseUp（释放鼠标）事件过程。其中用到对象的 PopupMenu 方法。语法格式为：

```
    [对象.] PopupMenu 菜单名 [,位置常数][,横坐标[,纵坐标]]
```

其中，位置常数有以下三种：

① vbPopupMenuLeftAlign：用横坐标位置定义该弹出式菜单的左边界（默认）。

② vbPopupMenuCenterAlign：弹出式菜单以横坐标位置为中心。

③ vbPopupMenuRightAlign：用横坐标位置定义该弹出式菜单的右边界。

【例 10.7】 在例 10.6 的基础上，把"位数"菜单改为弹出式菜单。

（1）打开例 10.6 的应用程序，选定窗体，然后在菜单编辑器中将"位数"菜单标题对应的"可见"框中的"√"取消（不选中）。

（2）增加以下 MouseUp 事件过程代码：

```
Private Sub Form_MouseUp(Button As Integer, Shift As Integer, X As Single,Y As Single)
    If Button=2 Then                    '检查是否能右击，左击为 1
        PopupMenu mnu10                 'mnu10 是"位数"菜单项
    End If
End Sub
```

程序运行时，右击窗体空白处，即可显示如图 10.6 所示的弹出式菜单。

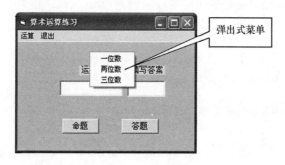

图 10.6 弹出式菜单

10.3 通用对话框

在图形用户界面中，对话框（DialogBox）是应用程序与用户交互的主要途径。在 VB 中，可以使用以下三种对话框：

● 预定义对话框（使用函数 InputBox 和 MsgBox 来实现）；

● 通用对话框；

● 用户自定义对话框。

本节主要介绍通用对话框。

通用对话框（CommonDialog，也称公共对话框）是一种 ActiveX 控件，利用它能够很容易地创建下列 6 种标准对话框：打开文件（Open）、另存为文件（Save As）、颜色（Color）、字体（Font）、打印（Printer）和帮助（Help）对话框。

说明：ActiveX 控件是由 ActiveX 技术创建的一种控件。ActiveX 控件可以是系统自带的，也可以是第三方厂商提供的，还可以是用户自己开发的。目前有不少现成的 ActiveX 控件，如通用对话框（CommonDialog）、工具栏（ToolBar）、状态栏（StatusBar）等。

ActiveX 控件不在 VB 工具箱中，而是以单独的文件存在，文件扩展名为.ocx。把 ActiveX 控件添加到工具箱后，这些控件就可以跟标准控件一样使用了。

1．添加通用对话框控件

在使用之前，应先将通用对话框控件添加到工具箱中，具体方法如下。

（1）选择"工程"菜单中的"部件"命令，或者右击工具箱，在快捷菜单中选择"部件"命令，系统弹出"部件"对话框，如图 10.7 所示。

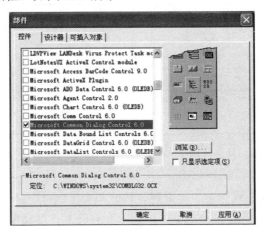

图 10.7 "部件"对话框

（2）在"控件"选项卡中，从列表框中勾选 "Microsoft Common Dialog Control 6.0"复选框。

（3）单击"确定"按钮，即可把通用对话框的各种控件添加到工具箱中。

当程序运行时，通用对话框是不可见的。

2．属性页

通用对话框不仅本身具有一组属性，由它产生的各种标准对话框也拥有许多特定属性。属性设置可以在属性窗口或代码中进行，也可以通过"属性页"对话框来设置。对于 ActiveX 控件，更为常用的是"属性页"对话框。打开通用对话框控件的"属性页"对话框的步骤如下：

（1）右击窗体上放置的通用对话框控件，在快捷菜单中选择"属性"命令，打开"属性页"对话框，如图 10.8 所示。

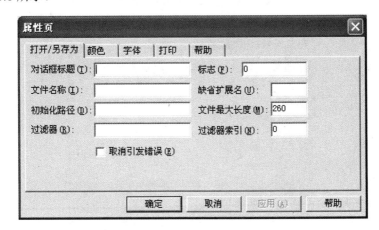

图 10.8 "属性页"对话框

（2）对话框中有 5 个选项卡，选择不同的选项卡，就可以对不同类型的对话框进行属性设置。

3. 通用对话框的基本属性和方法

（1）Name 属性：设置通用对话框的名称，默认名称为 CommonDialog1、CommonDialog2 等。

（2）Action 属性：直接决定打开哪种对话框，共有 7 种属性值，如表 10.1 所示。

表 10.1 对话框类型

对话框类型	Action 属性值	方　　法
无对话框	0	
打开文件对话框	1	ShowOpen
另存为对话框	2	ShowSave
颜色对话框	3	ShowColor
字体对话框	4	ShowFont
打印对话框	5	ShowPrinter
帮助对话框	6	ShowHelp

注意，Action 属性不能在属性窗口内设置，只能在程序运行中通过代码设置。

例如，利用通用对话框 CommonDialog1 产生一个打开文件对话框，可以执行下列语句：

CommonDialog1.Action=1

或

CommonDialog1.ShowOpen

（3）DialogTitle 属性：设置对话框的标题。

（4）CancelError 属性：表示用户在使用对话框进行对话时，单击"取消"按钮是否会产生错误信息。属性值为 True 时，单击"取消"按钮会出现错误警告；为 False 时，单击"取消"按钮不会出现错误警告。

（5）通用对话框的方法：通用对话框的常用方法见表 10.1，利用这些方法，可以打开特定类型的对话框。

4. "打开文件"对话框

在程序中将通用对话框的 Action 属性设置为 1，或用 ShowOpen 方法打开，则弹出"打开文件"对话框，如图 10.9 所示。

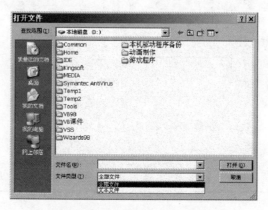

图 10.9 "打开文件"对话框

"打开文件"对话框的属性除包括通用对话框的基本属性外，还有自身特有的属性。

（1）FileName 属性：设置或返回对话框中用户选定的路径和文件名。

（2）FileTitle 属性：返回要打开的文件的文件名（不含路径）。

（3）Filter 属性：Filter 称为过滤器，它指定文件列表框中所显示的文件的类型，格式为

描述符 | 类型通配符

若需设置多项，应采用管道符"|"进行分隔。

例如，下列语句将在对话框的文件类型列表框中显示 Word 文档文件和 Excel 工作簿文件：

CommonDialog1.Filter="Word 文档文件(*.doc)|*.doc|Excel 工作簿文件(*.xls)|*.xls"

（4）FilterIndex 属性：如果用 Filter 属性为对话框设定了多项过滤器，则 FilterIndex 属性用于指定第 n 项为默认过滤器。

（5）IniDir 属性：指定初始文件目录，默认时显示当前文件夹。

【例 10.8】 在窗体上添加一个通用对话框和一个"打开"命令按钮，当单击"打开"按钮时，弹出一个"打开文件"对话框。

（1）按照上述方法，把 CommonDialog（通用对话框）控件添加到工具箱中，然后在窗体上添加 CommonDialog 控件，其默认名称为 CommonDialog1。

（2）在窗体上添加一个命令按钮 Command1，其 Caption 属性为"打开"。

设计界面如图 10.10 所示。

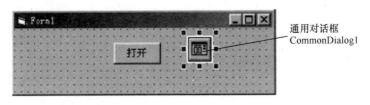

图 10.10　设计界面

（3）编写"打开"命令按钮 Command1 的 Click 事件过程，代码如下：

```
Private Sub Command1_Click()
    CommonDialog1.DialogTitle="打开文件"
    CommonDialog1.Filter="全部文件|*.*|文本文件|*.txt"    '设置文件过滤器
    CommonDialog1.InitDir="D:\"                          '设置默认文件夹
    CommonDialog1.ShowOpen                               '显示打开文件对话框
End Sub
```

程序运行后，单击"打开"按钮，系统将弹出对话框见图 10.9。从"文件类型"列表框中可以看到文件过滤器的效果。

当用户选定文件并单击"打开"按钮后，可以从控件的 FileName 属性中获取选定的路径及文件名。该对话框只为用户提供了一个用于选择文件的界面，并不能真正打开文件，打开文件的具体处理工作只能由编程完成。

5. "另存为文件"对话框

在程序中将通用对话框控件的 Action 属性值设置为 2，或用 ShowSave 方法打开，则弹出"另存为文件"对话框。该对话框可供用户选择或输入所要保存文件的路径、主文件名和扩展名。除对话框的标题不同外，另存为文件对话框在外观上与打开文件对话框相似。

"另存为文件"对话框的属性与"打开文件"对话框的属性基本相同，其特有的是 DefaultExt

属性，用于设置默认文件扩展名。

【例 10.9】 在窗体中添加一个通用对话框、一个多行文本框和一个命令按钮。单击命令按钮可打开"另存为文件"对话框，在对话框中选定文件名及保存位置之后再单击"保存文件"按钮，可将文本框中的内容以文本文件的形式保存起来。

（1）界面设计如图 10.11 所示。文本框中的文本内容通过属性窗口中的 Text 属性设定。

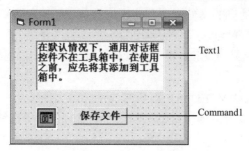

图 10.11 设计界面

（2）编写"保存文件"按钮 Command1 的 Click 事件过程，代码如下：

```
Private Sub Command1_Click()                          '保存文件
    CommonDialog1.InitDir = "D:\VB "                   '设置默认的文件夹
    CommonDialog1.FileName = "txtname.txt"            '设置默认的文件名
    CommonDialog1.ShowSave                            '打开"另存为文件"对话框
    Open CommonDialog1.FileName For Output As #1      '打开 FileName 属性值指定的文本文件
    Write #1, Text1.Text                              '将文本框中的内容写入文件
    Close #1                                          '关闭文本文件
End Sub
```

6．"颜色"对话框

在程序中将通用对话框控件的 Action 属性值设置为 3，或用 ShowColor 方法打开，则弹出"颜色"对话框。该对话框可供用户选择颜色，并由对话框的 Color 属性返回或设置选定的颜色。

7．"字体"对话框

在程序中将通用对话框控件的 Action 属性值设置为 4，或用 ShowFont 方法打开，则弹出"字体"对话框。该对话框可供用户选择字体，包括所用字体的名称、样式、大小、效果及颜色。

"字体"对话框除具有通用对话框的基本属性外，还有下面几个常用的属性。

（1）Color 属性：表示字体的颜色。当用户在颜色列表框中选定某种颜色时，该颜色值被赋给 Color 属性。

（2）FontName 属性：表示字体名称。

（3）FontSize 属性：表示字体大小。

（4）FontBold 属性、FontItalic 属性、FontStrikethru 属性、FontUnderline 属性：表示粗体、斜体、删除线、下画线，这些属性的值均为逻辑值（True 或 False）。

（5）Min 属性和 Max 属性：这两个属性规定了用户可选字体大小的范围。属性值以点（Point，一个点的高度是 1/72 英寸）为单位。

（6）Flags 属性：在显示"字体"对话框之前必须设置 Flags 属性，否则会发生不存在字体的

错误。常用的 Flags 属性值如表 10.2 所示。

表 10.2 常用的 Flags 属性值

符 号 常 量	取 值	说 明
CdlCFScreenFonts	&H1	使对话框中只显示屏幕字体
CdlCFPrinterFonts	&H2	使对话框中只显示打印机字体
CdlCFBoth	&H3	使对话框中只显示屏幕字体和打印机字体
CdlCFEffects	&H100	使对话框中显示删除线、下画线和颜色组合框

说明：如果要同时使用多个属性设置，可以把相应的值相加。例如，既要显示屏幕字体，又要显示颜色组合框，应将 Flags 属性值设置为 257（1+256）。

【例 10.10】"字体"对话框的应用示例。在文本框中输入一段文字，单击命令按钮后，通过"字体"对话框来设置文本框中显示的字体、大小、字形、样式等。

设计步骤如下：

（1）在窗体上创建一个通用对话框 CommonDialog1、一个文本框 Text1 和一个命令按钮 Command1，如图 10.12 所示。Text1 中的内容为"字体对话框应用示例"，Command1 的标题为"设置字体"。

图 10.12 设计界面

（2）编写 Command1 的 Click 事件过程，代码如下：

```
Private Sub Command1_Click()
    CommonDialog1.Flags=CdlCFScreenFonts
    CommonDialog1.ShowFont                        '打开"字体"对话框
    Text1.FontName=CommonDialog1.FontName         '设置字体名称
    Text1.FontSize=CommonDialog1.FontSize         '设置字体大小
    Text1.FontBold=CommonDialog1.FontBold         '粗体
    Text1.FontItalic=CommonDialog1.FontItalic     '斜体
End Sub
```

运行该程序，显示含有一个"设置字体"按钮和一个文本框的窗体。单击"设置字体"按钮，弹出如图 10.13 所示的"字体"对话框。在此对话框中设置好字体、大小及样式后，单击"确定"按钮，所设置的各项属性将被应用于文本框内的文本上。

图 10.13 "字体"对话框

8. "打印"对话框

在程序中将通用对话框控件的 Action 属性值设置为 5，或使用 ShowPrinter 方法，则弹出"打印"对话框。该对话框可供用户设置打印范围、打印份数、打印质量等参数。

"打印"对话框除基本属性外，还有 Copies（打印份数）、FromPage（起始页码）、Topage（终止页码）等属性。该对话框并不能处理打印工作，仅仅是一个供用户选择打印参数的界面，所选参数存放于各属性中，再由编程来处理打印操作。

9. "帮助"对话框

在程序中将通用对话框控件的 Action 属性设置为 6，或以 ShowHelp 方法打开对话框，就会显示"帮助"对话框。它使用 Windows 标准的帮助窗口，为用户提供在线帮助。

习题 10

一、单选题

1. 在 KeyDown 事件和 KeyUp 事件过程中，当参数 Shift 为 6 时，代表同时按下（ （1） ）和（ （2） ）键。

    （1）（2）A. Ctrl   B. Shift   C. Enter   D. Alt

2. 在 MouseDown 事件和 MouseUp 事件过程中，当参数 Button 为 1 时，代表按下鼠标的（ ）键。

    A. 左   B. 右   C. 中   D. 没有按键

3. 在窗体上设置了一个名称为 Text1 的文本框，并编写如下三个事件过程：

```
Private Sub Form_Click()
    Print "高级";
    Text1.SetFocus
End Sub
Private Sub Form_MouseDown(Button As Integer, Shift As Integer, X As Single, Y As Single)
    Print "语言";
End Sub
Private Sub Text1_KeyDown(KeyCode As Integer, Shift As Integer)
    Print "计算机";
End Sub
```

程序运行后，单击窗体后按 A 键，则在窗体上显示的内容是（ ）。

    A. 高级语言计算机   B. 计算机高级语言

    C. 语言高级 a 计算机   D. 语言高级计算机

4. 编写如下事件过程：

```
Private Sub Text1_MouseDown(Button As Integer, Shift As Integer, X As Single, Y As Single)
    If Shift=1 And Button=2 Then
        Text1.Text="ABCD"
    End If
End Sub
```

程序运行后，为了在文本框内输出"ABCD"，应执行的操作是（   ）。

  A．按住 Shift 键的同时，用鼠标左键单击文本框

  B．按住 Shift 键的同时，用鼠标右键单击文本框

  C．按住 Ctrl 键及 Alt 键的同时，用鼠标左键单击文本框

  D．按住 Ctrl 键及 Alt 键的同时，用鼠标右键单击文本框

5．下列关于菜单的叙述中，错误的是（   ）。

  A．每个菜单项都是一个控件，与其他控件一样也有其属性和事件

  B．菜单项只能识别 Click 事件

  C．不能在顶层菜单上设置快捷键

  D．在程序运行过程中，不可以重新设置菜单项的 Visible 属性

6．为使程序运行时通用对话框 CD1 上显示的标题为"通用窗口"，若通过程序设置该标题，则应使用的语句是（   ）。

  A．CD1.DialogTitle="通用窗口"   B．CD1.Action="通用窗口"

  C．CD1.FileName="通用窗口"   D．CD1.Filter="通用窗口"

7．窗体上有一个名称为 CD2 的通用对话框控件和由 4 个命令按钮组成的控件数组 Cmd1，其下标从左到右分别为 0、1、2、3，如图 10.14 所示。

图 10.14 设计界面

命令按钮的事件过程代码如下：

```
Private Sub Cmd1_Click(Index As Integer)
    Select Case Index
        Case 0
            CD2.ShowOpen
        Case 1
            CD2.Action=2
        Case 2
            CD2.ShowPrinter
        Case 3
            End
    End Select
End Sub
```

对上述程序，下列叙述中错误的是（   ）。

  A．单击"打开"按钮，能够选择要打开的文件，并执行打开文件操作

  B．单击"保存"按钮，显示另存为文件的对话框

  C．单击"打印"按钮，显示打印的对话框

  D．单击"退出"按钮，结束程序的运行

二、填空题

1．窗体及某些控件可以识别 KeyPress 事件、KeyDown 事件和 KeyUp 事件，在按下某键时，这三个事件发生的次序是_____、_____和_____。

【提示】 对于本题及下一题，可以分别编写某对象（如文本框）的相关事件过程，在过程内显示不同信息（如显示"KeyPress""KeyUp"等），则可了解进行某种"动作"时依次发生的是哪些事件。

2．窗体及某些控件可以识别 Click（鼠标单击）、DblClick（鼠标双击）、MouseUp 和 MouseDown 等事件，而一次单击事件中会依次发生其他事件，它们发生的次序是_____、_____和 Click。

3．弹出式菜单在__(1)__中设计，且一定要使其__(2)__层菜单项不可见；要显示弹出式菜单，可以使用__(3)__方法。

4．为了执行鼠标自动拖放，必须把__(1)__属性设置为__(2)__；为了执行鼠标手动拖放，必须把该属性设置为__(3)__。

5．为了创建一个"字体"对话框，需要把通用对话框的__(1)__属性设置为__(2)__，其等价的方法是__(3)__。

6．程序运行中，当按下鼠标左键时，在鼠标的当前位置上输出 L；当按下鼠标右键时，在鼠标的当前位置上输出 R；当在键盘上按任何字符键时，清屏。补充完整下列代码。

```
Private Sub Form___(1)__(KeyAscii As Integer)
    __(2)__
End Sub
Private Sub Form_MouseDown(Button As Integer, Shift As Integer, X As Single, Y As Single)
    CurrentX=X
    __(3)__
    If __(4)__ Then
        Print "L"
    Else
        Print "R"
    End If
End Sub
```

上机练习 10

1．在窗体上创建一个二级下拉菜单如图 10.15 所示，主菜单共有两个菜单项，标题分别为文件和编辑，名称分别为 File 和 Edit；在"编辑"菜单下有"剪切"、"复制"和"粘贴"三个菜单项，名称为 Cut、Copy 和 Paste。其中"粘贴"菜单项设置为无效。

2．为标签增加一个弹出式菜单，该菜单中包含有"红色"、"蓝色"和"绿色"三个选项，当右击标签时弹出菜单，从菜单中选择相应的选项可以改变标签中文字的颜色。

3．在窗体上创建一个通用对话框、一个文本框、一个标签和两个按钮，如图 10.16 所示。按照以下要求设计程序：单击"选择文件"按钮时，弹出"打开文件"对话框，其默认路径为"C:\"，默认列出的文件扩展名为.txt（文本文件）和.docx（文档文件），用户选定路径及文件名后，该路径及文件名显示在窗体的文本框中。

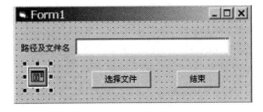

图 10.15　第 1 题的下拉菜单　　　　　　图 10.16　第 3 题的设计界面

4．利用菜单、通用对话框等控件，设计一个简易的记事本程序。

按照以下步骤进行操作：

（1）按照图 10.17 设计界面。

① 在窗体上添加一个文本框 Text1，设置其 MultiLine 属性为 True，ScrollBox 属性为 Vertical （垂直滚动条），调整文本框大小，使之充满整个窗体。为了在运行时使文本框适应窗体的大小变化，可以通过窗体的 ReSize 事件过程进行处理（见下面代码）。

图 10.17　记事本

② 在窗体上添加一个通用对话框 CommonDialog1，利用该控件可以在窗体上创建所需的各种标准对话框。

③ 使用菜单编辑器建立菜单栏，如图 10.18 所示。

文件(F)		编辑(E)		格式(O)	帮助(H)
新建(N)	Ctrl+N	剪切(X)	Ctrl+X	字体(F)	关于记事本(A)
打开(O)	Ctrl+O	复制(C)	Ctrl+C	背景(B)	
保存(S)	Ctrl+S	粘贴(V)	Ctrl+V		
退出(X)	Ctrl+X				

图 10.18　记事本的菜单栏

菜单项的名称以 m 开头，如"文件"菜单项命名为"m 文件"，"新建"菜单项命名为"m 新建"等。

（2）代码如下：

```
Private Sub m 新建_Click()                    '新建
    Text1.Text = ""
    Form1.Caption = "简易记事本 - 未标题"
End Sub
Private Sub m 打开_Click()                    '打开
    Dim readtxt As String
    On Error GoTo errOpen
    CommonDialog1.Filter = "文本文件|*.txt"      '设置文件过滤器
    CommonDialog1.InitDir = "D:\VB"             '设置默认文件夹
```

```vb
        CommonDialog1.FileName = ""
        CommonDialog1.ShowOpen                           '显示打开文件对话框
        Open CommonDialog1.FileName For Input As #1      '以输出方式打开文件
        Text1.Text = ""
        Do While Not EOF(1)
            Line Input #1, readtxt
            Text1.Text = Text1.Text & readtxt & vbCrLf
        Loop
        Close #1
        Me.Caption = "简易记事本  - " & CommonDialog1.FileName
        Exit Sub
errOpen:
        If Err.Number <> 75 Then                         '按"取消"按钮时 Err.Number 码为 75
            MsgBox ("发生""" & Err.Description & """的错误")
        End If
    End Sub
    Private Sub m 保存_Click()                            '保存
        On Error GoTo errSave
        CommonDialog1.InitDir = "D:\VB"                   '设置默认文件夹
        CommonDialog1.DefaultExt = "txt"                 '设置默认文件扩展名
        CommonDialog1.FileName = ""
        CommonDialog1.ShowSave
        Open CommonDialog1.FileName For Output As #1
        Print #1, Text1.Text
        Close #1
        Me.Caption = "简易记事本  - " & CommonDialog1.FileName
        Exit Sub
errSave:
        If Err.Number <> 75 Then
            MsgBox ("发生""" & Err.Description & """的错误")
        End If
    End Sub
    Private Sub m 退出_Click()                            '退出
        End
    End Sub
    Private Sub m 剪切_Click()                            '剪切
        If Text1.SelLength > 0 Then                      'ClipBoard（剪贴板）是 VB 全局变量对象
            Clipboard.SetText (Text1.SelText)            '将选定的文本放入剪贴板
            Text1.SelText = ""
        End If
    End Sub
```

```vb
Private Sub m 复制_Click()                              '复制
    If Text1.SelLength > 0 Then
        Clipboard.SetText (Text1.SelText)
    End If
End Sub
Private Sub m 粘贴_Click()                              '粘贴
    If Len(Clipboard.GetText) > 0 Then
        Text1.SelText = Clipboard.GetText               '将剪贴板中的文本赋给文本框
    End If
End Sub
Private Sub m 字体_Click()                              '字体
    CommonDialog1.Flags = cdlCFScreenFonts + cdlCFEffects
    CommonDialog1.ShowFont
    If CommonDialog1.FontName <> "" Then
        Text1.FontName = CommonDialog1.FontName
    End If
    Text1.FontSize = CommonDialog1.FontSize
    Text1.FontBold = CommonDialog1.FontBold
    Text1.FontItalic = CommonDialog1.FontItalic
    Text1.FontStrikethru = CommonDialog1.FontStrikethru
    Text1.FontUnderline = CommonDialog1.FontUnderline
    Text1.ForeColor = CommonDialog1.Color
End Sub
Private Sub m 背景_Click()                              '背景
    CommonDialog1.ShowColor
    Text1.BackColor = CommonDialog1.Color
End Sub
Private Sub m 关于记事本_Click()                        '关于记事本
    Dim t As String
    t = "记事本是一个小的应用程序，采用一个简单的" & vbCrLf & _
        "文本编辑器进行文字信息的记录和存储，其特" & vbCrLf & _
        "点是只支持纯文本，在某些情况下相当有用。"
    MsgBox t, , "关于记事本"
End Sub
Private Sub Form_Resize()                              '当窗体大小改变时触发 Resize 事件
    Text1.Width = Form1.Width - 100                    '随之改变文本框大小
    Text1.Height = Form1.Height - 1000
End Sub
```

第 11 章　绘图及其他常用控件

11.1　框架

1．框架的用途

有时窗体上有很多控件，为了把控件分成若干组，可采用框架（Frame）控件。框架的主要作用是，作为容器放置其他控件对象，将这些控件对象分成可标识的控件组，框架内的所有控件将随框架一起移动、显示和消失。

当用框架设置控件组时，应先在窗体上放置框架控件，再在框架内放置其他控件。

对于单选按钮来说，未使用框架分组时，窗体上的所有单选按钮都被视为同一组，运行时用户只能从中选择一个。若使用多个框架把单选按钮分组，则可以按组选择，即每个框架中可以选中一个单选按钮。

2．常用属性

框架的常用属性有 Name 属性和 Caption 属性。

3．事件

框架控件可以响应 Click 事件和 DblClick 事件。

在应用程序中一般不需要编写有关框架的事件过程。

【例 11.1】　控制文本的字体、字号及颜色。

设计步骤如下：

（1）按照图 11.1 设计界面。

① 在窗体上部创建一个名称为 Text1 的文本框，用来显示文本，其 Text 属性设置为 "框架控件的使用"。

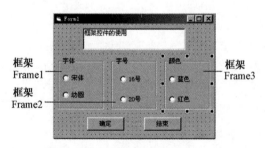

图 11.1　设计界面

② 使用 VB 工具箱中的 "Frame" 控件工具，在窗体上设置三个框架 Frame1、Frame2 和 Frame3，其 Caption 属性分别设置为 "字体"、"字号" 和 "颜色"。

③ 使用 VB 工具箱中的 OptionButton 控件，在框架 Frame1 上创建 Option1 和 Option2 两个单选按钮，其 Caption 属性分别设置为 "宋体" 和 "幼圆"。

以同样方法，在 Frame2 上创建 Option3 和 Option4 两个单选按钮，其 Caption 属性设置为 "16

号"和"20 号"。在框架 Frame3 上创建 Option5 和 Option6 两个单选按钮，其 Caption 属性分别设置为"蓝色"和"红色"。

④ 在窗体下部创建两个命令按钮 Command1 和 Command2，其 Caption 属性分别设置为"确定"和"结束"。

（2）编写代码：

```
Private Sub Form_Load()              '设置初始状态
    Option1.Value=True
    Option3.Value=True
    Option5.Value=True
    Text1.FontName="宋体"
    Text1.FontSize=16
    Text1.ForeColor=RGB(0, 0, 255)
End Sub
Private Sub Command1_Click()         '确定
    If Option1.Value Then
        Text1.FontName="宋体"
    Else
        Text1.FontName="幼圆"
    End If
    If Option3.Value Then
        Text1.FontSize=16
    Else
        Text1.FontSize=20
    End If
    If Option5.Value Then
        Text1.ForeColor=RGB(0, 0, 255)
    Else
        Text1.ForeColor=RGB(255, 0, 0)
    End If
End Sub
Private Sub Command2_Click()         '结束
    End
End Sub
```

程序运行后，用户在三个框架中分别选择字体、字号和颜色，单击"确定"按钮时，文本框中的文本的字体、字号和颜色会相应发生变化。

11.2 滚动条

1. 滚动条的用途

由 5.3 节可知，在列表框和组合框中使用滚动条，可以看到在框中未能全部显示的信息。这种滚动条是系统自动加上的，不需要用户自己设计。本节介绍的是 VB 工具箱提供的滚动条控件，其作用与上述滚动条不同，它为不能自动支持滚动的应用程序和控件提供滚动功能，也可作为数据输入的工具。

滚动条有水平和垂直两种，可分别通过工具箱中的水平滚动条（HScrollBar）和垂直滚动条（VScrollBar）工具来创建，如图 11.2 所示。

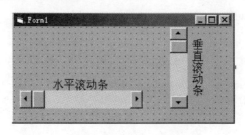

图 11.2　水平滚动条和垂直滚动条示例

这两种滚动条除方向不同外，其功能和操作完全一样。垂直滚动条的最上方代表最小值（Min），由上往下移动滚动块（或称滚动框）时，代表的值随之递增，最下方代表最大值（Max）。水平滚动条的最左端代表最小值，由左往右移动滚动块时，代表的值随之增大，最右端代表最大值。

通常利用滚动条来提供简便的定位，还可以利用滚动块位置的变化，去控制声音音量或调整图片的颜色，使其有连续变化的效果，实现调节的目的。

2．常用属性

（1）Min 属性和 Max 属性：设置滚动条所能代表的最小值和最大值，其取值范围为-32768～32767。Min 属性的默认值为 0，Max 属性的默认值为 32767。

（2）Value 属性：表示滚动块在滚动条中的位置值（在 Min 和 Max 之间）。

（3）SmallChange（最小变动值）属性：表示单击滚动条两端箭头时，滚动移动的变动值。

（4）LargeChange（最大变动值）属性：表示单击滚动条内空白处，滚动移动的变动值。

3．事件

滚动条控件可以识别多个事件，其中最常用的是 Scroll 事件和 Change 事件。

（1）Scroll 事件：当用鼠标拖动滚动块时，即触发 Scroll 事件。

（2）Change 事件：当改变 Value 属性值时，即触发 Change 事件。

当释放滚动块、单击滚动条内空白处或两端箭头时，Change 事件就会发生。尽管拖动滚动块会引起 Value 属性值变化，但并不会发生 Change 事件。

【例 11.2】 设计一个调色板应用程序，使之创建三个水平滚动条，作为红、绿、蓝三种基本颜色的输入工具，合成的颜色作为标签的背景颜色（BackColor 属性值），如图 11.3 所示。

说明：根据调色原理，基本颜色有红、绿、蓝三种，选择这三种颜色的不同比例，可以合成所需要的任意颜色。

（1）在窗体上创建 4 个标签和三个水平滚动条。三个滚动条的名称从上至下分别为 HScroll1、HScroll2 和 HScroll3，其 Max 属性均设置为 255，Min 属性均设置为 0，SmallChange 属性设置为 1，LargeChange 属性设置为 10，Value 设置为 0。显示合成颜色的标签名为 Label1，其 Caption 属性为空。

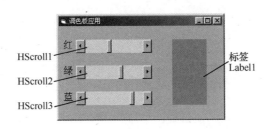

图 11.3　调色板示例

（2）代码如下：

```
Private Sub HScroll1_Change()
    Label1.BackColor=RGB(HScroll1.Value, HScroll2.Value, HScroll3.Value)
End Sub
Private Sub HScroll2_Change()
    Label1.BackColor=RGB(HScroll1.Value, HScroll2.Value, HScroll3.Value)
End Sub
Private Sub HScroll3_Change()
    Label1.BackColor=RGB(HScroll1.Value,   HScroll2.Value, HScroll3.Value)
End Sub
```

程序运行后，用户通过操作（单击或拖动）滚动条，直接修改 RGB 设置，从而得到标签背景所需的颜色。程序运行结果见图 11.3。

11.3　绘图方法与图形控件

VB 提供了两种绘图方式：一是使用图形控件，如 PictureBox 控件、Line 控件等；二是使用绘图方法，如 Circle 方法、Line 方法等。图形控件的优点是，可使用较少的代码创建图形，但绘图样式有限，要实现更高级功能，还得采用绘图方法。

11.3.1　常用绘图方法

VB 提供了 Pset（画点）、Line（画线）、Circle（画圆）等绘图方法，可以方便地在窗体和图片框上绘制图形。

1. Pset 方法

格式：[对象名.] Pset [Step](x,y)[,颜色]

功能：在对象的指定位置(x,y)上按选定的颜色画点。

参数 Step 指定(x,y)是相对于当前坐标点的坐标。当前坐标可以是最后的画图位置，也可以由属性 CurrentX 和 CurrentY 设定。

例如，下列语句能在坐标位置(500,900)处画一个红点：

```
Pset(500,900)，RGB(255,0,0)
```

该语句等价于：

```
CurrentX=100 : CurrentY=100
```

Pset Step(400,800)，RGB(255,0,0)

2. Line 方法

格式：[对象名.] Line [(x1,y1)]-(x2,y2)[,颜色]
功能：在两个坐标点之间画一条线段。
例如，下列语句可在窗体上画一条斜线：
Line(600,600)-(2000,3000)

3. Circle 方法

格式：[对象名.] Circle [Step](x,y),半径[,颜色,起点,终点,纵横比]
功能：在对象上画圆、椭圆或圆弧。
说明：
（1）(x,y)是圆、椭圆或圆弧的中心坐标，"半径"是圆、椭圆或圆弧的半径。
（2）"起点"和"终点"（以弧度为单位）指定弧或扇形的起点或终点位置，其范围为$-2\pi \sim 2\pi$。"起点"的默认值为0，"终点"的默认值为2π。按逆时针方向，正数画弧，负数画扇形。
（3）纵横比为圆的纵轴和横轴的尺寸比。当纵横比大于 1 时，椭圆沿垂直方向拉长；当纵横比小于 1 时，椭圆沿水平方向拉长。纵横比的默认值为 1 时，将产生一个标准圆。
（4）可以省略中间的某个参数，但不能省略分隔参数的逗号。
【例 11.3】 在窗体上分别画出一个扇形、一个圆和一个椭圆，如图 11.4 所示。

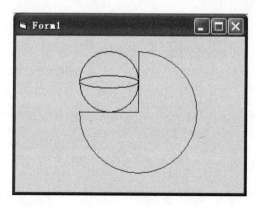

图 11.4 利用 Circle 方法绘出的图形

代码如下：

```
Private Sub Form_Click()
    Dim pi As Single
    pi=3.14159
    Circle(2500, 1500), 1200, vbBlue, -pi, -pi/2
    Circle Step(-600, -600), 600
    Circle Step(0, 0), 600, , , , 5/25
End Sub
```

11.3.2 图片框

图片框（PictureBox）和图像框（Image）都用于显示图形，它们可以显示.bmp（位图）、.ico（图标）、.wmf（图元）、.gif 和.jpg 等类型的图形文件。

图片框可以作为其他控件的容器，像框架（Frame）一样在图片框上面放置其他控件，这些控件随图片框的移动而移动。

1. 常用属性

（1）与窗体属性相同的属性。

3.4.1 节介绍的部分窗体属性，如 Enabled、Name、Visible、FontBold、FontName、FontSize 等，完全适用于图片框和图像框，其用法也相同。窗体属性 AutoRedraw、Height、Left、Top、Width 等也可用于图片框和图像框，但窗体位于屏幕上，而图片框和图像框位于窗体上，其坐标的参考点是不一样的。

（2）CurrentX 属性和 CurrentY 属性：用来设置横坐标或纵坐标。

（3）Picture 属性：用于设置在图片框中要显示的图形文件。在设计中可以通过属性设置，也可以在运行中通过调用 LoadPicture 函数来设置，例如：

```
Picture1.Picture=LoadPicture("图形文件名")        '装入图形文件
Picture1.Picture=LoadPicture()                    '清除图片
```

（4）Align 属性：设置图片框在窗体中的显示方式。

0（默认）——无特殊显示。

1——与窗体一样宽，位于窗体顶端。

2——与窗体一样宽，位于窗体底端。

3——与窗体一样高，位于窗体左端。

4——与窗体一样高，位于窗体右端。

（5）AutoSize 属性：确定图片框如何与图形相适应。

False（默认）：保持原尺寸，当图形比图片框大时，超出的部分被截去。

True：图片框根据图形大小自动调整。

2. 图片框的使用

（1）显示和消除图形，见 Picture 属性。

（2）用 Print 方法向图片框输出文本，也可以使用 Cls 方法清除文本内容。

（3）用绘图方法在图片框中画图形。

【例 11.4】通过 VB 工具箱中的 PictureBox 控件在窗体上创建图片框 Picture1 后，就可以采用下列事件过程在图片框上面输出文字、画点和画圆。代码如下：

```
Private Sub Form_Click()
    Picture1.Print "在图片框内写字和画圆"
    Picture1.Circle(1200, 1000), 600, RGB(0, 0, 255)
    Picture1.Pset(1200, 1000), RGB(255, 0, 0)
End Sub
```

运行结果如图 11.5 所示。

图 11.5　在图片框内写字和画圆

11.3.3　图像框

图像框（Image）控件的作用与图片框 PictureBox 控件相似，但它只能用于显示图形，不能作为其他控件的容器。

图像框与图片框一样，使用 Picture 属性来装载图形。程序运行时，可利用 LoadPicture 函数来进行设置。

图像框没有 AutoSize 属性，但有 Stretch 属性。当 Stretch 属性为 True 时，加载的图形可自动调整尺寸以适应图像框的大小。当 Stretch 属性设置为 False 时，图像框可自动改变大小以适应其中的图形。

11.3.4　Shape 控件

利用图片框和图像框可以装入和显示图形图像，但有时用户希望根据自己的意愿画出一些简单的图形。VB 提供了画图形的基本工具，如 Shape（形状）控件、Line（直线）控件。Shape 控件和 Line 控件只用于表面装饰，不支持任何事件。

Shape 控件可用来绘制矩形、正方形、椭圆形、圆角矩形及圆角正方形。

Shape 控件的常用属性如下。

（1）Shape 属性：当把 Shape 控件放到窗体上时，显示为一个矩形，通过设置其 Shape 属性，可确定所需的其他图形。

Shape 属性各选项含义如下：

0-Rectangle，显示为矩形（默认值）；　　　　1-Square，显示为正方形；

2-Oval，显示为椭圆形；　　　　　　　　　　3-Circle，显示为圆形；

4-Rounded Rectangle，显示为圆角矩形；　　　5-Rounded Square，显示为圆角正方形。

（2）BorderColor 属性：设置边框颜色。

（3）BorderStyle 属性：设置边框样式，默认值为 1-Solid（实线）。

（4）BorderWidth 属性：设置边框的宽度（粗细），默认值为 1（以像素为单位）。

（5）BackStyle 属性：决定是否采用指定的颜色填充，0（默认值）表示边界内的区域是透明的，1 表示由 BackColor 属性所指定的颜色来填充（默认时，BackColor 为白色）。

（6）FillColor 属性：定义控件的内部颜色，其设置方法与 BorderColor 属性相同。

（7）FillStyle 属性：确定控件内部的填充样式。可以取 8 种值，如 0-Solid（实心），1-Transparent（透明）等，默认值为 1。

11.3.5　Line 控件

Line 控件可用来在窗体、框架和图片框中绘制简单的线段。

Line 控件的常用属性如下。

（1）BorderStyle 属性：提供了 7 种线段样式，即透明、实线、虚线、点线、点画线、双点画线和内实线，其设置方法与 Shape 控件相同。

（2）BorderColor 属性：用来指定线段的颜色，设计时可在属性窗口中选择该属性，然后从提供的调色板中选择颜色。

（3）BorderWidth 属性：设置控件的线宽。

（4）X1、X2、Y1、Y2 的属性：指定线段起点和终点的 X 坐标和 Y 坐标。可以通过改变 X1、X2、Y1、Y2 的值来改变线段的起止位置。

11.4　GoTo 语句与几个定义语句

1．GoTo 语句

语法格式：GoTo {行号|标号}

功能：改变程序的执行顺序，跳转到程序的指定行中继续执行。

【例 11.5】 应用 GoTo 语句示例。

```
Private Sub Form_Click()
    Print "整型数据"
    GoTo Line1              '跳转到标号 Line1 指定的行
    Print "单精度型数据"
Line1:
    Print "字符串"
End Sub
```

因为太多的 GoTo 语句会使程序控制线路变得复杂，使程序不易阅读和调试，应尽可能少使用，除非特别需要。

2．强制显式声明变量语句

在程序中，有时会因为写错变量名而导致难以查找的错误。例如，下列语句的作用是交换变量 a、b 的值：

```
Temp=a
a=b
b=Tmp                        '把 Temp 写错成 Tmp
```

运行结果是，b 的值为 0，不能获取 a 的值。为了避免上述错误，可以在模块层的通用声明段中加入语句 Option Explicit，规定每个变量都要经过显式声明才可以使用。

语句格式：Option Explicit

功能：规定在使用变量前，必须先用声明语句（如 Dim 等）进行声明，否则 VB 将发出警告"Variable not defined"（变量未定义）。

例如，把上述语句改为：

```
Option Explicit              '在模块层的通用声明段中声明
...
Dim a As Integer, b As Integer, temp As Integer
```

```
temp=a
a=b
b=tmp
...
```

运行时 VB 会发出警告，只有把 Tmp 改为 Temp 后才恢复正常。

3．定义变量类型

用 Def 语句可以在模块层的通用声明段中定义变量。

语句格式：Def 类型标志 字母范围

其中，"类型标志"可以是 Int、Lng、Sng、Dbl、Cur、Str、Byte、Bool、Date、Obj、Var 分别表示相应的数据类型。例如：

DefInt m–P

本语句定义凡是变量名以 M、N、O、P 字母开头的变量都作为整型变量，如 m1、Max、Min、Number、Pointer 等变量都是整型变量。

4．自定义数据类型

用户可以利用 Type 语句定义自己的数据类型，其格式如下：

[Private|Public] Type 数据类型名

元素名 1 As 类型名 1

[元素名 2 As 类型名 2]

...

End Type

在 VB 中，经常利用 Type 语句来定义数据记录，因为记录一般由多个不同数据类型的元素组成。例如：

Type student

number As String * 8

name As String * 20

age As Integer

End Type

这里的 student 是一个用户定义的数据记录类型，它由 student.number、student.name、student. age 三个元素（又称类型成员）组成。

习题 11

一、单选题

1．如果有 3 组单选按钮创建在三个框架中，运行时可以同时选中（　　）个单选按钮。

    A．1 　　　　　　　　B．2 　　　　　　　　C．3 　　　　　　　　D．4

2．要把控件创建在框架容器上，以下操作正确的是（　　）。

    A．在窗体不同位置上分别创建一个框架和控件，再将控件拖放到框架上

    B．在窗体上创建好框架，再在框架中创建控件

C．在窗体上创建好控件，再用框架将控件框起来

D．在窗体上创建好框架，再双击工具箱中的控件

3．有一个名称为 Form1 的窗体，上面没有控件，设有以下代码：

```
Dim blval As Boolean
Private Sub Form_MouseDown(Button As Integer,Shift As Integer, X As Single,Y As Single)
    blval=True
End Sub
Private Sub Form_MouseMove(Button As Integer,Shift As Integer, X As Single, Y As Single)
    If blval Then
        Form1.Pset(X,Y)
    End If
End Sub
Private Sub Form_MouseUp(Button As Integer, Shift As Integer, X As Single,Y As Single)
    blval=False
End Sub
```

其功能是（　　　）。

　　A．每按下鼠标键一次，在鼠标所指位置画一个点

　　B．按下鼠标键，则在鼠标所指位置画一个点；放开鼠标键，则此点消失

　　C．不按鼠标键而拖动鼠标，则沿鼠标拖动的轨迹画一条线

　　D．按下鼠标键并拖动鼠标，则沿鼠标拖动的轨迹画一条线，放开鼠标键则结束画线

4．执行下列语句

```
CurrentX=300 : CurrentY=300
Line Step(100,100)-Step(200,150)
```

绘制的线段的起点坐标为（　（1）　），终点坐标为（　（2）　）。

（1）（2）A．(400,400)　　　　　B．(300,300)　　　　C．(600,550)　　　　D．(300,250)

5．运行时，要在图片框 Picture1 中显示"Good Morning"，应使用语句（　　　）。

　　A．Picture1.Picture=LoadPicture(Good Morning)

　　B．Picture1.Picture=LoadPicture("Good Morning")

　　C．Picture1.Print "Good Morning"

　　D．Print "Good Morning"

6．运行时，要清除图片框 P1 中的图像，应使用语句（　　　）。

　　A．P1.Delete　　　　　　　　　　　　　B．P1.Picture = LoadPicture()

　　C．P1.Picture = ""　　　　　　　　　　D．Picture1.Picture = LoadPicture()

7．在窗体上创建一个命令按钮 Comd1 和一个图片框 Pict1，然后编写如下代码：

```
Private Sub Comd1_Click()
    Dim a As Integer, b As Integer
    a = 2 : b = 3
    Pict1.Print M(a -1, b)
End Sub
Function M(x As Integer, y As Integer) As Integer
    x = x + 3
```

```
        y = y + 4
        M = IIf(x > y, x, y)
    End Function
```

运行时单击命令按钮，在图片框 Pict1 上显示的结果是（　　　）。

    A．10　　　　　　　　B．9　　　　　　　　C．8　　　　　　　　D．7

8．通过设置 Shape 控件的（　　　）属性可以绘制多种形状的图形。

    A．Shape　　　　　　B．BorderStyle　　　　C．FileStyle　　　　D．Style

二、填空题

1．在窗体上放置一个滚动条 HScroll1 和一个文本框 Text1，要使每次单击滚动条两端箭头、单击滚动条的滚动块与两端箭头之间的空白区域及拖动滚动条的滚动块时，文本框内容能够反映滚动条的值，请完善以下代码。

```
        Private Sub HScroll1_    (1)
            Text1.Text=HScroll1.   (2)
        End Sub
        Private Sub HScroll1_    (3)
            Text1.Text=HScroll1.   (4)
        End Sub
```

2．以当前窗体的（2000,2000）为圆心坐标，用蓝色画出一个半径为 1000 的圆，使用的方法是_____。

3．为使加载的图片自动调整尺寸（放大或缩小）以适应图像框（Image）的大小，应把图像框的 Strech 属性设置为_____。

4．在窗体上放置三个图片框 P1、P2 和 P3，假设图片框的 P1、P2 已经装入图片，P3 为空图片框，现要交换图片框 P1、P2 中的图片，请补充以下代码。

```
        Private Sub Commmand1_Click()          '单击"Commmand1"按钮后交换图片
            P3.picture=    (1)
            P1.picture=    (2)
                (3)
            P3.picture=LoadPicture()
        End Sub
```

上机练习 11

1．为根据半径计算圆的周长，创建如图 11.6 所示的窗体，其中水平滚动条 HV 表示半径，最大值为 300，通过滚动条选取的半径值显示在右边的文本框 Text1 中，下方的文本框 Text2 表示圆周长。请完善下列程序并上机验证。

```
        Public Sub calzc(x As Integer)
            Text2.Text=Round(2 * 3.14159 * x, 2)
        End Sub
        Private Sub HV_Scroll()
            Dim r As Integer
```

```
        r=HV.___(1)___
        Text1.Text="=" & r
        Call ___(2)___
    End Sub
    Private Sub Form_Load()
        HV.Max=300
    End Sub
```

2. 在窗体上设置一个图片框和一个含有 4 个图像框的控件数组，如图 11.7 所示。在每个图像框中装入一个箭头图形（由读者使用 Windows 的"画图"程序自行绘制），分为向上、向下、向左和向右 4 个不同方向。图像框能自动调整大小以适应装入的图形。

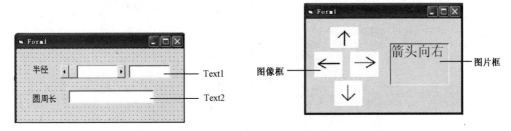

图 11.6　根据半径计算出圆周长　　　　　　图 11.7　第 2 题运行结果

编写程序，当单击某个图像框时，在图片框中以 20 磅字号显示相应信息（先清除原有信息）。例如，单击向右的箭头时，在图片框中显示"箭头向右"。

3. 用鼠标写字。程序运行时，按住鼠标左键或右键可以在窗体上写字，如图 11.8 所示。请完善下列代码并上机进行调试。

图 11.8　在窗体上写字

```
Dim pX As Single, pY As Single
Dim f As Integer            'f 表示画图状态，画图时为 1，否则为 0
Private Sub Form_Load()
    DrawWidth = 3           '通过窗体的 DrawWidth 属性设置线宽，最细为 1
    f = 0
End Sub
Private Sub Form_MouseDown(Button As Integer, Shift As Integer, X As Single, Y As Single)
    f = 1
    pX = X
    pY = Y
End Sub
Private Sub Form_MouseMove(Button As Integer, Shift As Integer, X As Single, Y As Single)
```

```
        If     (1)     Then
            Line     (2)     vbRed                    '用 Line 画线段
            pX = X
            pY = Y
        End If
    End Sub
    Private Sub Form_MouseUp(Button As Integer, Shift As Integer, X As Single, Y As Single)
        (3)
    End Sub
```

4. 使用图像框、计时器等控件, 编写一个模拟航天飞机起飞的程序。

(1) 分析: 程序界面如图 11.9 所示, 按下列步骤来模拟航天飞机起飞。

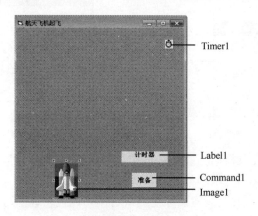

图 11.9　第 4 题的设计界面

① 单击"准备"按钮时, 进入 10s 倒计时。

② 倒计时为 0 时, 航天飞机起飞, 起飞过程中显示飞行时间。

③ 当航天飞机飞出窗体时, 飞行任务正常结束。

(2) 设计步骤如下。

① 在窗体上添加标签、命令按钮、计时器和图像框控件。

② 设置窗体的 BackColor (背景颜色) 属性为浅蓝色 (如选定"系统"的"活动标题栏"颜色), 设置标签、命令按钮的标题分别为"计时器"和"准备", 标签的 Alignment 属性为"2-Center"。

③ 设置计时器 Timer1 的 Enabled 属性为 False, Interval 属性为 300。

④ 设置图像框的 Stretch 属性为 True。设置图像框 Image1 的 Picture 属性为图片文件"航天飞机.wmf", 方法: 在窗体的 Image1 属性窗口中单击 Picture 属性值右侧的省略号按钮, 弹出"加载图片"对话框, 在对话框中打开图片文件"D:\VB\航天飞机.wmf"。

说明: 本题的图片文件采用 Office 的剪贴画 j0215086.wmf (关键词为航天飞机、Space Shuttles 等), 并以文件名"航天飞机.wmf"先存放在文件夹"D:\VB"中。

装入图片的另一个简单操作是, 在 Word 中复制该剪贴画, 再粘贴到图像框 Image1 中。

(3) 编写的代码如下:

```
Dim t As Integer                      '计时变量 t
Private Sub Command1_Click()          '准备
    Timer1.Enabled = True             '打开计时器
```

```
    t = 10                         '设置倒计时数
End Sub
Private Sub Timer1_Timer()
    t = t - 1
    If t > 0 Then
        Label1.Caption = "倒计时:" & t
    Else
        Command1.Caption = "起飞"
        Label1.Caption = "飞行时间:" & -t
        Image1.Top = Image1.Top - 150          '航天飞机往上飞
        If Image1.Top < -Image1.Height Then    '判断航天飞机是否飞出窗体
            Label1.Caption = "飞行正常"
            Timer1.Enabled = False             '关闭计时器
        End If
    End If
End Sub
```

程序运行结果如图 11.10 所示。

图 11.10　航天飞机升空

附录 A   常用 ASCII 字符表

码 值	字 符	码 值	字 符	码 值	字 符	码 值	字 符	码 值	字 符
32	空格	52	4	72	H	92	\	112	p
33	!	53	5	73	I	93	]	113	q
34	"	54	6	74	J	94	^	114	r
35	#	55	7	75	K	95	—	115	s
36	$	56	8	76	L	96	、	116	t
37	%	57	9	77	M	97	a	117	u
38	&	58	:	78	N	98	b	118	v
39	'	59	;	79	O	99	c	119	w
40	(	60	<	80	P	100	d	120	x
41	)	61	=	81	Q	101	e	121	y
42	*	62	>	82	R	102	f	122	z
43	+	63	?	83	X	103	g	123	{
44	,	64	@	84	T	104	h	124		
45	−	65	A	85	U	105	i	125	}
46	.	66	B	86	V	106	j	126	~
47	/	67	C	87	W	107	k	127	DEL
48	0	68	D	88	X	108	l		
49	1	69	E	89	Y	109	m		
50	2	70	F	90	Z	110	n		
51	3	71	G	91	[	111	o		

说明：在 ASCII 字符表中，0~31 为控制码，32~127 为字符码。常用的控制码有：BackSpace（退格）键码值为 8，Tab 键码值为 9，换行码值为 10，Enter（回车）键码值为 13，Esc 键码值为 27。

附录 B　颜 色 代 码

VB 中的颜色属性有下列三种设置方法：

（1）使用 RGB(R,G,B) 函数。这三种颜色的组合（常用颜色）如表 B-1 所示。

示例：Form1.ForeColor=RGB(255,0,0)

表 B-1　常用颜色的 RGB 值

颜　　色	R（红色）值	G（绿色）值	B（蓝色）值
黑色	0	0	0
蓝色	0	0	255
绿色	0	255	0
青色	0	255	255
红色	255	0	0
洋红色	255	0	255
黄色	255	255	0
白色	255	255	255

（2）使用 QBColor 函数。颜色参数取值为 0～15，如表 B-2 所示。

示例：Form1.ForeColor=QBColor(12)

表 B-2　QBColor 函数的参数

颜色参数	颜　色	颜色参数	颜　色	颜色参数	颜　色	颜色参数	颜　色
0	黑色	4	红色	8	灰色	12	亮红色
1	蓝色	5	洋红色	9	亮蓝色	13	亮洋红色
2	绿色	6	黄色	10	亮绿色	14	亮黄色
3	青色	7	白色	11	亮青色	15	亮白色

（3）使用颜色常量。常用颜色常量如表 B-3 所示。

示例：Form1.ForeColor=vbRed

表 B-3　常用颜色常量

颜 色 常 量	十六进制数	颜　色
vbBlack	&H0	黑色
vbRed	&HFF	红色
vbGreen	&HFF00	绿色
vbYellow	&HFFFF	黄色
vbBlue	&HFF0000	蓝色
vbMagenta	&HFF00FF	洋红色
vbCyan	&HFFFF00	青色
vbWhite	&HFFFFFF	白色

附录 C　习题参考答案

习题 1

一、单选题

1．D　　2．D　　3．B　　4．C　　5．C　　6．A　　7．A　　8．A　　9．A　　10．B

11．C　　12．B　　13．D

二、填空题

1．属性　方法　事件　　2．解释　编译　　3．设计　运行　中断　　4．Command2_Click

5．中央　　6．MyForm.frm　　7．（1）Cmd1_Click()　（2）Txt1.Text="VB 语言程序设计"

习题 2

一、单选题

1．（1）A　　（2）C　　2．A　　3．B　　4．D　　5．B　　6．D　　7．B　　8．B

9．B　　10．A　　11．B　　12．C　　13．B　　14．C　　15．D

二、填空题

1．（1）(2+x*y)/(2–y*y)　（2）a^2–3*a*b/(3+a)　（3）x^(3/8)+Sqr(y^2+4*a^2/(x+y^3))

2．Int(50+6*Rnd)　　3．（1）138　（2）3　（3）214　（4）70　（5）"45"　（6）0

4．系统管理数据库

习题 3

一、单选题

1．C　　2．D　　3．B　　4．D　　5．B　　6．B　　7．D　　8．A　　9．C

10．（1）A　（2）C　　11．A　　12．B　　13．A　　14．D　　15．B　　16．A

二、填空题

1．$0,123.5　　2．Label1.Caption="a*b="　　3．Height　Width　　4．2

5．Text1.SetFocus　　6．Multiline　ScrollBars　2　　7．（1）24　（2）2423

习题 4

一、单选题

1．C　　2．B　　3．C　　4．C　　5．C　　6．D　　7．D　　8．D　　9．A　　10．D

二、填空题

1．60000　　2．O&pen　　3．（1）x>0　（2）x=0　（3）Else

习题 5

一、单选题

1．C　　2．D　　3．（1）D　（2）C　　4．A　　5．（1）B　（2）C　（3）B　　6．D

7．B　　8．B　　9．D

二、填空题

1.（1）4 次　n=13　（2）3 次　n=8　（3）3 次　n=27　（4）1 次　n=12

2.（1）p=m Mod n　（2）p<>0　（3）n　　3. 15　　4. 0

5.（1）Style　（2）下拉列表框　　6.（1）ItemA　（2）ItemD　（3）ItemD　（4）ItemA

习题 6

一、单选题

1. D　　2. A　　3. B　　4. C　　5. C　　6. D　　7. A　　8. A　　9. C

二、填空题

1. 二　12　1　3　−1　2

2. 　0　1　2　3
　　1　0　1　2
　　2　1　0　1
　　3　2　1　0

3.（1）Variant　（2）w(x−1)　　4. Name　Index

5.（1）n−1　（2）d(k)=d(k+1)　（3）ReDim Preserve d(n)

6.（1）0 To Index　（2）Val(Text1(k).Text)

习题 7

一、单选题

1. B　　2. C　　3. B　　4. B　　5. C　　6. A　　7. A　　8. D　　9. C

二、填空题

1. 按值传递方式　　2. Ubound

3. fnmy(ByVal x As Integer, ByRef d() As String) As Boolean　　4. EF

5.（1）14　（2）2　（3）10　　6.（1）10　（2）28　（3）6　（4）6　　7. 5

习题 8

单选题

1. B　　2. D　　3. D　　4. B　　5. A　　6. A

习题 9

一、单选题

1. B　　2. D　　3. C　　4. A　　5. B　　6. D　　7. A　　8.（1）D　（2）D

9. B　　10. A　　11. D

二、填空题

1.（1）Get　（2）Put

2.（1）Open "Myfile3.txt" For Output　（2）Write #1, StNo, StMb　（3）Close #1

3.（1）Open "Myfile3.txt" For Input As #1　（2）EOF(1)　（3）Input #1, StNo, StMb

习题 10

一、单选题

1.（1）A （2）D　2．A　3．D　4．B　5．D　6．A　7．A

二、填空题

1．KeyDown KeyPress KeyUp　2．MouseDown MouseUP

3．（1）菜单编辑器 （2）顶 （3）PopUpMenu　4．（1）DragMode （2）1 （3）0

5．（1）Action （2）4 （3）ShowFont

6．（1）KeyPress （2）Cls （3）CurrentY=Y （4）Button=1

习题 11

一、单选题

1．C　2．B　3．D　4．（1）A （2）C　5．C　6．B　7．D　8．A

二、填空题

1．（1）Change() （2）Value （3）Scroll() （4）Value

2．Circle(2000,2000),1000,RGB(0,0,255)　3．True

4．（1）P1.Picture （2）P2.Picture （3）P2.Picture=P3.Picture